李营华　编著

地球：人类的家园

U0297946

Earth

河北出版传媒集团
河北科学技术出版社

图书在版编目（CIP）数据

地球：人类的家园 / 李营华编著 . — 石家庄 : 河北科学技术出版社 , 2012.11（2024.1 重印）

（青少年科学探索之旅）

ISBN 978-7-5375-5540-1

Ⅰ . ①地… Ⅱ . ①李… Ⅲ . ①地球－青年读物②地球－少年读物 Ⅳ . ① P183-49

中国版本图书馆 CIP 数据核字 (2012) 第 274618 号

地球：人类的家园

李营华　编著

出版发行	河北出版传媒集团　　河北科学技术出版社	
地　　址	石家庄市友谊北大街 330 号（邮编：050061）	
印　　刷	文畅阁印刷有限公司	
开　　本	700×1000　1/16	
印　　张	9.25	
字　　数	100000	
版　　次	2013 年 1 月第 1 版	
印　　次	2024 年 1 月第 4 次印刷	
定　　价	28.00 元	

如发现印、装质量问题，影响阅读，请与印刷厂联系调换。

前　言

在千变万化的陆地下，在浩瀚深邃的海洋里，在我们脚下的地球深处，隐藏着无数的奥秘。陆地海洋，沧海桑田，多彩的地貌，名山大川，火山地震，山崩地陷，奇珍异宝，石油煤炭……所有这些，当我们的祖先还处于原始蒙昧状态的时候，就试图解开这些谜团。从中国古代的"盘古开天辟地"到西方的"上帝创造万物"；从魏格纳的大陆漂移假说到大陆板块理论的形成，无不闪烁着人类探索自然奥秘的智慧光芒。

尽管随着文明的进步和科学的发展，人类对自己世代赖以生存的地球上的诸多奥秘，已经有了很多的认识。但是，在人类的目光早已远及银河系之外的今天，我们对自己脚下这不过几千千米的地表下面，甚至区区几十千米的地壳内所发生的事情却一筹莫展，至今仍有许多未解之谜困扰着我们，在这方面我们人类还有很多事情要做。

如果说古代人们探索地球奥秘，更多的是出于对自然的迷惑、崇拜和好奇的话，今天的人们探索地球的秘密，则是为了更好地开发和利用地球——这个人类共同的，也是唯一的家园。

地震、火山、海啸等这些地球灾害至今仍然威胁着人们的生活。四川汶川大地震的伤痛还未来得及扶平，青海玉树地震又震痛国人；甘肃舟曲泥石流、印尼大海啸、冰岛火山爆发、日本大地震……这一个个灾难就发生在我们眼前。但是，对这些灾害，人类还无法控制，甚至还没有完全弄清它们发生的原因；石油、煤炭、天然气这些现代人类生活一刻也离不开的能源，在不远的将来都面临着枯竭，但是，目前人们还没有找到能够完全替代它们的新能源；矿藏是现代人类社会生产不可或缺的原料，但是目前许多矿产已经达到了枯竭的边缘，寻找新的替代资源已经刻不容缓。

所有这些问题，都有待于通过对地球秘密的深入探索、研究来解决。因此，今天探索和揭开地球的一个个秘密，比人类历史上的任何时候都更加迫切和必要。

人类的发展史告诉我们，只有锲而不舍地探索才能揭开自然之谜。青少年朋友是未来的探索者，让我们为揭开更多的地球之谜，为建设更加美好的家园，去探索地球科学的奥秘吧！

李营华

2012年10月于石家庄

目 录

一、太空中的地球

地球是我们人类的故乡，我们世世代代都居住在地球上，每天的生活都离不开地球。

地球是一颗神奇的星球。迄今为止，人类还没有在其他任何星球上发现有生命的物质，更不用说像我们人类这样高度文明、智慧的高等动物了。我们不得不感谢大自然这个神奇的"造物主"对我们人类的"恩赐"。

●（一）蔚蓝色的星球

尽管我们每天生活在地球上，但是，除了一些地面上的情况，我们对地球到底了解多少呢？"不识庐山真面目，只缘身在此山中。"正因为我们就生活和居住在地球上，所以很难真正了解地球的全貌。要想看见"整体"的地球，必须

"走"出去，到太空去观察我们的地球。

然而，到太空中去观测地球又谈何容易，在古代这只能是人们美好的梦想。今天科学技术的发展，使这个梦想变成了现实。现在，人类不仅可以通过人造地球卫星，在几千千米到几万千米的高空为地球拍摄"全身照"，而且，人类还可以乘坐宇宙飞船在太空中直接观测地球。人造卫星、宇宙飞船使人类对自己的家园——地球了解得更加准确和清楚了。那么就请我们坐上宇宙飞船，从太空观察一下我们人类世世代代居住的地球吧！

飘浮在空中的大球

飘浮在空中的地球

　　从宇宙飞船上回望我们的故乡——地球，你就会发现，地球像一个圆圆的天蓝色篮球一样，飘浮在浩瀚的太空中。那大片的天蓝色是波涛汹涌的海洋，成片的白斑是朵朵白云，点点的绿色是生机勃勃的陆地，如果你的视力不错，你还会看到中国的万里长城，这可是在太空中能够看到的地球上唯一的人工建筑。

　　科学观测告诉我们，地球并不是一个标准的圆球，而是一个两极稍扁的椭圆球，地球的赤道半径大约是6 378.14千米，极半径是6 356.76千米。不过这一点儿差别，人的眼睛是根本看不出来的，所以，从太空望去，地球是一个相当浑圆的球。

　　地球真是一个庞然大物，它的周长是4万多千米，乘坐最快的喷气式客机，绕地球一圈儿，要一刻不停地飞行将近50个小时；地球的表面积大约是5.1亿平方千米，差不多有53个中国那么大；地球的体积更是大得惊人，大约有10 820亿立方千米，假如把地球掏空，往里面灌水的话，大约得把1.5万个太平洋的水都灌进去才能灌满；地球的质量就更不得了，将近6万亿亿千克。

太阳的"儿子"

　　我们要找某一个人，总要先问问这个人在哪个省、哪个市、哪条街、门牌几号等。那么，我们的地球在宇宙中占据的是什么样的位置呢？科学家告诉我们，地球是太阳系已发现的九大行星之一，它在距离太阳14 900多万千米的轨道上，无休无止地围绕着太阳运行。在地球轨道的里面，是距

离太阳更近的金星和水星；在地球轨道的外面，依次排列着火星、木星、土星、天王星、海王星和冥王星，它们在地球外面各自的轨道上围绕着太阳运动。在一些行星的身边，还有围绕着它们自己运转的卫星。另外，还有许多个头儿不大的小行星，躲在火星和木星的轨道之间围绕着太阳旋转。而那些拖着一条长尾巴的彗星，却沿着扁长的轨道在太阳系内横冲直撞……所有这些围绕着太阳运行的天体，构成了一个不可分离的大家庭，这就是太阳系。太阳是太阳系家族的母亲，九大行星都是太阳的"儿女"，而我们的地球正是太阳的子女之一。

浩瀚宇宙中的"沧海一粟"

对人类的活动范围来讲，半径6 370多千米的地球确实是太大了。但是在整个宇宙中，半径只有区区6 000多千米的小小地球太微不足道了。

地球只不过是太阳系中的一个普通成员，太阳的"肚子"里可以装下130万个地球。地球到太阳的距离平均为1.5亿千米，科学家们把日地距离1.5亿千米叫作1个"天文单位"。太阳系中九大行星所在的范围为40个天文单位，相当于60亿千米，连每秒可以走30万千米的光，也要走五个半小时。

按说太阳系已经够大的了。但太阳只是银河系中极为普通的一颗恒星，银河系里至少有1 500亿颗各种各样和太阳差不多的恒星。如果想描述银河系的大小，用"天文单位"就太小了，必须用"光年"这个距离单位。1光年就是光1年所走的路程。我们已经知道光每秒走30万千米，所以1光年大约是10万亿千米。银河系的直径大约是8万光年，太阳离银河系的中心大约是3.3万光年。太阳率领着它的子孙们绕银河系中心转动，虽然转动的速度高达每秒250千米，但银河系太大了，太阳绕它一圈儿要花费2.5亿年。

如此巨大的银河系在宇宙中也只是普通一员。宇宙中还有许许多多数以亿计的与银河系类似的"星系"，天文学家把它们叫作河外星系。天文学家迄今为止发现的离我们最遥远的星系，大约距地球150亿光年。

面对如此浩瀚的宇宙，我们的地球真是显得太渺小了！

● （二）在太空旋转的"陀螺"——地球的自转

作为一般的常识，我们现在都知道，地球在自转。它像一个巨大的陀螺，围绕着自己的"轴"——地轴，在广袤的太空中不停地旋转。那么，地球的自转是怎样进行的呢？为什么我们感觉不到它自转？怎样才知道它在自转呢？

"自以为是"的眼睛

地球的公转和自转现在已经是很普通的常识了。但是，人类真正弄清这个问题，也不过是最近300多年的事。在此之前很长的时间里，人们一直认为，脚底下的地球是静止不动的，而头顶上的蓝天和镶在蓝天上的太阳、月亮和星星都在绕着地球转圆圈儿。太阳转到前面来了就是白天，太阳躲到背后去了便是黑夜。实际上，地球给人的直观感觉就是这样。这是为什么呢？

原来这是我们人类的眼睛在"捣乱"。我们人类的眼睛有一个"毛病"就是"自以为是"。眼睛总感觉自己是"主人"，是"中心"，自己是不动的，"别人"才会动。比如，我们坐在汽车上，你就会感觉好像汽车没有向前走，而是马路两边的树在向后"跑"。我们感觉不到地球的自转也是这个道理。因为我们人类居住在地球上，和地球连成一个整体，平稳地运动，就不容易发现地球本身的旋转，而是感觉日月星辰在绕着我们转动。看起来"眼见为实"这句话并不完全正确，眼睛有时也会"欺骗"我们。

"侦破"地球自转"案"

如果我们能够坐上宇宙飞船，到太空中去观察，地球的自转就会看得很明显。但是，到目前为止能够到太空中去观察地球的，也就几个宇航员。那么，我们地球上的人，能不能克服自己眼睛的"毛病"，观察到地球的自转呢？回答是肯定的。俗话说得好，"要想人不知，除非己莫为。"既然地球自转，就不可能不留下任何"踪迹"，只要我们认真观察分析，不放过任何蛛丝马迹，就一定不难找到"证据"，侦破地球自转这宗"疑案"。让我们先做一个实验看看：

小实验：选一个没有风的时间，找一栋高层楼，越高越好，最好超过20层。从楼上让一粒钢珠或石子自由落下（注意，千万不要砸伤人，一定请一个朋友帮忙，在楼下看着，提醒过往的行人）。这时，你就会发现钢珠或石子落下的路线不是垂直向下的，而是略向东偏一点。科学家们计算，在北京附近，从60米的高处落下的物体会向东偏离8毫米。

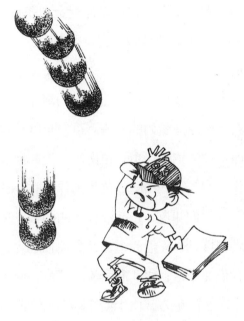

铁球为什么不垂直落下呢

上面的实验就是有名的"落体东偏"实验。如果你住的是高层住宅，做这个实验最方便了。落体为什么会东偏呢？我们知道，地球自转的轴是穿过地球中心的一条直线，高处的东西距离地轴较远，所以它的自转速度就要比低处的东西快一些。这就和我们排着队转弯一样，外面的人肯定比

里面的人走得快。当我们把小钢珠扔下去的时候，钢珠实际上有两个速度，一个是由于地球的引力而产生的垂直向下的速度，另一个就是由于地球自转向东运动的速度，并且钢珠向东运动的速度，比地面向东运动的速度快一些，由于"固执"的惯性作用，钢珠就会保持这个较快的速度落下，这样，比地面"跑得快"的钢珠自然就会向东偏一点。

地球自转露出的"马脚"还有很多呢！

"瘸腿"的河岸

注意观察一下我们国家南北走向的河流，你会发现，这些河流都是右岸比左岸受到的冲刷严重。也就是说，由北向南流的河流，西岸被冲刷得严重；由南向北流的河流东岸被冲刷得严重，好像"瘸"了一条腿。这是为什么呢？这也是地球自转在"捣鬼"。我们知道，越靠近地球的两极，离地轴越近，自转的速度就越慢；越靠近赤道，距离地轴越远，自转的速度就越快。在我们北半球，由北向南流的河流，河水是由自转慢的地方流向自转快的地方，由于惯性的作用，河水就会"极力"保持原来较慢的速度，所以就会"死命"地向西岸"靠"，这样西岸受到的冲刷就会比东岸严重；由南向北流的河流，河水是由自转快的地方，流向自转慢的地方，在惯性的作用下河水就会向东靠，东岸受的冲刷严重，也就不足为奇了。不仅是河流，科学家们还发现，铁路的两根铁轨的磨损速度也不一样，在北半球，右边的铁轨总是比左边的铁轨磨损快，这也是地球自转搞的"把戏"。同样的道理，我们可以推断出，在南半球，情况正好相反，南北向的河流总是左岸受到的冲刷比右岸严重一些。不相信吗？请到位于南半球的澳大利亚考察一番。

总向东走的云彩

如果注意观察电视台播出的卫星云图，你就会发现，导致降水的暖湿气流，也就是那些浓浓的云团，多数情况下是从西面慢慢向东移动。今天在新疆，明天在甘肃、青海，后天就到了内蒙古、山西、河北了。这种现象就是气象讲的"西风带"，也就是说，这种暖湿气流形成的"风"是由西向东"刮"。这又是为什么呢？其实道理很简单，暖湿气流大多来自低纬度地区，也就是来自赤道的方向，与河水冲刷东岸的道理一样，这些自转速度比较快的气团，向北方流动的时候，自然就会向东偏移。

什么是一天

明白了地球的自转，就不难明白什么是一天了。我们平常说的一天就是地球自转一圈儿的时间。那么，一天是从什么时间开始的呢？根据人们日常生活的习惯，科学家们规定，太阳位于天空最低点的时候为一天的开始，这一点我们看不见，但我们可以想象出来，太阳在这一点时，就是我们平常说的"半夜"，科学家们把这一点称为"零点"，也就是一天的开始。把一天平均分24份，每一份的时间间隔就叫作1小时；把1小时平均分成60份，每一份的时间间隔就叫作1分钟；把每1分钟再分成60份，每一份的时间间隔就叫作1秒钟。

没有免费的"飞机"

地球自转有多快呢？这很容易计算出来。我们知道，地球一天自转一圈儿，那么地球的周长就是地球一天自转所"跑"的"路程"，这段路程大约是4万千米，约等于每秒钟跑490多米，比声音在空气中跑得还快。既然地球"跑"得这么快，那么我们使劲跳起来，在空中待一会儿，再落下来不就到了另一个地方了吗？比如，从天津使劲跳起来，落下来就到北京了，根本用不着坐什么飞机了！但世界上没有这么好的事情。原来，地球上的一切包括我们人，都在随地球一起"跑"，"可恶"的"惯性"会使你跳起来离开地面之后继续跟着地球跑，所以，无论你跳多高，落下来还会在原来的地方。看来，免费的"飞机"是没有的。

世上没有免费的"飞机"

● （三）绕着太阳"转圈儿"——地球的公转

地球是太阳系中的一颗普通行星，它不但围绕自身的"轴"自转，还在围绕着太阳公转。从太空看去，它实际上是一个一边自己旋转，一边又向前滚动的"陀螺"。

关于"转与不转"的争论

地球围绕太阳公转，现在已经是尽人皆知的常识了。但是，就是这个今天看来非常简单的问题，却花费了人类上千年的时间。直到人们完全知道地球的自转之后许多年，仍然有人只承认地球的自转，而不相信地球会绕着太阳公转。

日月星辰，东升西落这种直观现象，使人很自然地感觉到，地球是宇宙的中心。所以，早在1 700多年前，古希腊人托勒玫就提出：地球是固定不动的，它"稳坐"在宇宙的中心。太阳、月亮、五大行星（当时人们只发现了五颗行星）都沿各自的轨道分别绕着地球转圆圈儿。托勒玫把地球作为宇宙的中心显然是错误的。但是，受当时观测水平的限制，加上当时享有绝对权威的教会，极力推崇"地球是宇宙中心"的观点，托勒玫的这个错误观点在西方根深蒂固延续了1 000多年。

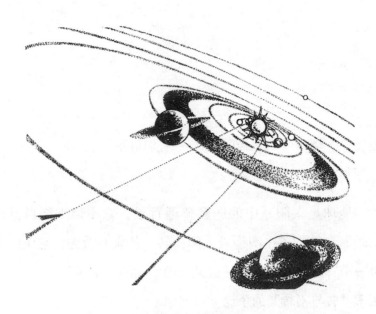

绕太阳运动的行星示意图

尼古拉·哥白尼是16世纪的一位波兰科学家。他把毕生的精力都用在天文学研究上。他自己亲自建立了简易的天文台，用自制的简陋仪器对神秘的天空进行了长期观测研究。经过长达38年的认真分析、研究和测算，哥白尼确信：这么多星星不可能每天都绕着地球跑一圈儿。实际上，星星、太阳并没动，只是因为地球的自转，使人们看起来好像是星星、太阳、月亮每天在绕着地球转圈圈儿。地球不是宇宙的中心，太阳才是宇宙的中心，地球只不过是围绕太阳运动着的一颗行星。其他天体也都围绕着太阳运动。1543年，在临死前哥白尼出版了自己的著作——《天体运行论》，在这部著作里他全面阐述了自己的理论。哥白尼的"日心说"，第一次提出了地球绕太阳公转的理论，否定了禁锢人们1 000多年的"地心说"，使人类对宇宙的认识大大前进了一步。

但是，哥白尼的学说受到了教会的反对，并没有得到广泛传播。后来又经过布鲁诺、开普勒、伽利略、牛顿等一代代科学家们的长期艰苦工作，哥白尼的学说不断被丰富、发展，才使地球绕太阳转动的理论逐步得到人们的承认。

寻找"证据"

虽然到18世纪，哥白尼的"日心说"已经被广泛传播，但仍有不少人对此不完全相信。他们说，如果地球绕太阳公转，那么我们在不同的月份，去看同一颗星星，这颗星星就会在不同的方位，其中就会有一个夹角。这是什么意思呢？下面我们做个实验看看。

原来这就是视差角啊

小实验：找一个视野开阔的足球场，先站在足球场的东北角，观察南面球门的一根柱子，这时这根柱子在我们的西南方向；然后我们再到球场的西北角，继续观察这根柱子，这时你就会发现，这根柱子是在我们的东南方向。显然，两次观察柱子的方位是不同的，这样两次观察柱子的视线，和我们观察球门的两个点之间的连线，就会形成一个三角形，两条视线之间就会有一个夹角，这个夹角一般叫视差角，与视差角相对的边，也就是我们两个观察点的连线就叫底边。

与上面的实验道理相同，如果地球围绕太阳转动，地球在太空中的相对位置就会有变化，那么我们站在地球上的人在不同时间，观测同一颗恒星，两次观测的方位就一定不同，当中也应该有一个"夹角"，科学家们把这个夹角叫作"视差"。但是，在很长时间内科学家们都没有测量出这个视差来。这就使许多人对地球绕太阳公转的说法产生了怀疑。

你可能会说："我看到过'视差'啊！不同的季节我们会看到不同的星星，不就是'视差'吗？"其实视差不是这个意思，不同的季节会看到不同的星星，是因为太阳在不同的季节会"居住"在不同的星座引起的。太阳"居住"在这个星座，太阳的光芒就会把这个星座以及附近星座的星星"遮住"，我们就看不见这些星星了。所以，不同季节的夜晚出现在我们头顶上的星星是有变化的。那么，为什么太阳会在不同的星座中"居住"呢？实际上太阳相对于它周围的恒星位置并没有变化，也就是说，太阳固定地属于一个星座。只是因为地球围绕太阳每年公转一圈儿，这样地球上的人看太阳的方向就会变化，当然太阳的背景就会发生变化，我们看上去就感觉到好像太阳在不同星座"居住"一样。这个道埋就像在天安门广场看人民英雄纪念碑。在北面看，纪念碑的背景是毛主席纪念堂；在东面看，背景是人民大会堂；在南面看，背景是天安门；在西面看，背景就是历史博物馆。

我们再回过头来说视差。我们说的视差不是上面谈的"不同的季节看到的星星不一样"，而是说，对同一颗恒星而言，当地球围绕太阳转到不同位置时，观测这颗恒星的方位也应当不同。认真观察你就会发现，对一颗特定的恒星来讲，抛开因为地球自转它每天"东升西落"不讲，只要能看到它，用肉眼观察它的位置就是"固定"的，似乎根本没有方位的变化，当然也不可能直接看出视差角了。难道地球没有围绕太阳"转圈子"？

其实不然，问题的根源在于恒星离地球太遥远了，视差角非常小，小到连仪器也难以"觉察"的程度，更不用说人的肉眼了。这又是什么原因呢？回顾一下我们前面做的小实验，不难发现，在观察过程中，如果底边相同，被观测的东西距离越远视差角就越小。不信吗？如果观察者沿足球场的东西两边向后退100米，作为观察点，再次观察那根球门柱，这时你就会发现视差角小多了。同样容易明白，在上面的实

验中，如果底边加长，视差角就会变大。比如，分别从足球场东北角的东面20米和西北角的西面20米，观察球门柱，视差角就会比原来大。科学家们打了一个比方：尽管我们用地球在太阳相反方向的两个位置之间的距离，也就是地球的轨道直径这么长的直线作底边，如果我们去观测织女星的视差，就好像从一个1角的硬币的两边观测20千米外的一个小点所夹的角度。可以想象，测量这样微小、遥远的夹角有多么困难了。

经过许多年的努力，不断提高测量仪器的精确度，科学家们终于在19世纪30年代测出了织女星以及其他几颗恒星的视差角，尽管当时测量的数据还不太准确，但视差存在是确定无疑的了。这就充分证明，我们的地球的的确确在围绕太阳不停地"转圈儿"。

地球绕着太阳公转一圈儿所用的时间就是1年，因为1年是地球转一圈儿又回来所用的时间，所以这样的年科学家们又叫"回归年"。地球的公转与地球的自转没有什么关系，所以一个回归年的长度不是整天整日，而是365.242 2天。

地球"画"的圈儿"圆不圆"

地球既然围绕太阳转，那么地球肯定走一条"道路"，这条道路就是地球的轨道。那么，地球的轨道是什么样子的呢？过去许多科学家都认为，地球"行走"的是一条正圆的"路线"。也就是说，地球的轨道是一个完美无缺、正圆正圆的"圆圈儿"。但是，经过精确的测量，科学家们发现，地球"画"的圈儿并不圆，地球的轨道不是正圆而是一个稍稍有点儿扁的椭圆。太阳正好处在这个椭圆的焦点上。这样太阳到地球的距离就会有时远，有时近，最近点的距离与最远点距离相差约500万千米。这个数字乍一看很大，但是，相对于地球到太阳1亿多千米的距离米讲，实在是微不足道的。所以，地球轨道和正圆是十分接近的，应该说地球"画"的圆圈儿还是满不错的！

地球的轨道其实是一个椭圆

冬天太阳离我们"远"吗

看完上面的内容，可能你立刻就会想到："我这下弄明白了，为什么冬天冷，夏天热了。肯定是因为冬天太阳离我们远，夏天太阳离我们近。"对不起，这一点你错了。与你想象的正好相反：太阳离地球最近的时候，是每年的1月3

日前后，我们这儿正是天寒地冻，滴水成冰的时候；而地球离太阳最远的时候，是每年的7月4日前后，这时正是骄阳似火，炎热难耐的时候。

为什么会是这样呢？平时我们离火炉越近身上就越热，离得远了不就感觉不到热了吗？这是因为火炉的光是向外发散的结果。我们知道，热主要是依靠一种看不见的光——红外线向外传播的。假如火炉一共向外发射了100条这种光线，因为光线是从炉口向四周发散开来的，当你站在火炉跟前时，可能接收到了30条甚至更多的光线；离开火炉一段距离你就只能接收到10条、5条甚至更少的光线了，当然离火炉近了就感觉热，远了就不太热了。但是，把这个"经验""搬到"地球与太阳的关系上是不合适的。原因是太阳距离地球非常遥远，同时太阳又比地球大得多，所以，从太阳射到地球的光线发散程度很小，几乎是平行的，根本不像火炉的光线是明显发散开来的。这样一来，距离增大一些接收到的光线不会有明显的减少。所以，尽管地球到太阳的距离有那么一点点变化，但不足以造成地球温度的变化。前面我们讲过，在我们北半球，太阳距离我们最近的时候是冬天，而太阳离我们最远的时候反而是夏天。在南半球，尽管正好是太阳距离近的时候是夏天，太阳离得远的时候是冬天，这也纯属"巧合"。南半球的气温变化同样与太阳离得远近没有关系。

关键在于"直路"还是"斜道儿"

那么，是什么原因造成了地球上的冬天和夏天呢？实际上是太阳光对地面是直射还是斜射造成的。让我们先做个小实验看看。

小实验： 到市场买500克细一些的湿面条，然后把这些面条一根挨一根均匀、平行地摆满在案板上。拿一把刀刃比较平直的菜刀，先使菜刀刃与面条摆放的方向垂直切一刀，然后使刀刃与面条"斜"着相交20度或30度左右的角再切一刀，注意使整个刀刃都能切到面条。数一数所切面条的根数，你就会发现，前一刀切的面条要比后一刀切的面条多得多。

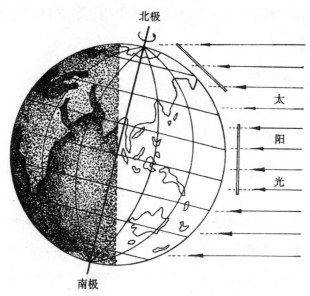

"直射"与"斜射"造成了地球上的温差

　　为什么同样长的刀刃，后一刀切到的面条根数少呢？显然是因为刀刃与面条"斜"着的结果。不难想象，如果刀刃与面条摆放方向的夹角越小，切到的面条就越少，当刀刃与面条平行的时候就可能切不到面条了。我们可以把太阳的光线想象成实验中的面条，把地面当做刀刃。不难理解，当阳光沿着"直路"垂直地射到地面的时候，科学家们叫作"直射"，同样的面积，这时地面接收的光线就比较多，也就比较热；而当阳光沿着"斜道儿"倾斜地射到地面的时候，科学家们叫作"斜射"，同样的面积，这时地面接收到的阳光相对就少，也就比较冷。我们已经知道，地球是一个"滚圆"的"大球"，平直的阳光照射到圆圆的"球"上，肯定有的地方是"直射"，有的地方是"斜射"。这样，地球上有的地方热，有的地方冷也就不难理解了。

地球"歪"出来的四季

　　我们知道，一年四季最明显的变化就是气温不同。那么在同一地区，为什么会有温度的变化？四季是怎么来的呢？我们再做一个小实验。

　　小实验：在桌面上画一个半径20厘米左右的圆圈儿。找一个手电筒上的小灯泡，接上电池使它亮起来，然后把它放在画好的圆圈儿的圆心。再找一个乒乓球，在两端用烧热的锥子各烫一个小孔，用一个长牙签从两个小洞穿过。先在牙签与桌面垂直的情况下，让乒乓球边绕牙签慢慢旋转，边沿桌子上的圆圈儿运转。这时你会发现，小灯泡的光线一直直射在乒乓球的"肚子"上，有小孔的两端照不到。然后，让牙签与垂直方向倾斜约20度角，保持牙签方向不变，让乒乓球边绕牙签慢慢旋转，边沿桌子上的圆圈儿慢慢运转。这时仔细观察你就会发现，小灯泡光线的直射点会在乒乓球上来回移动，一会儿在中间，一会儿慢慢向一个小孔的方向移动，一会儿又向另一个小孔的方向移动。

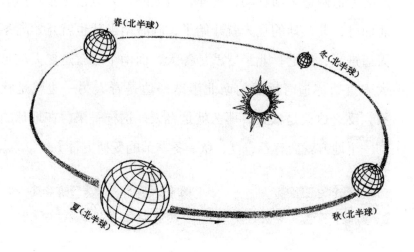

"歪"出来的地球四季

我们把灯泡当做太阳，把乒乓球当做地球，牙签就是地轴，桌子上的圆圈儿就是地球的轨道，桌面就是地球轨道面。我们不难分析出：假如地球的地轴与它的轨道面垂直的话，就是我们实验中的第一种情况。这时无论地球公转到什么位置，阳光总是直射地球的"肚子"即赤道附近，那么赤道附近永远是炎炎夏日，赤道的两旁中纬度地区永远是不冷不热的春天或秋天，而两极则永远是冰天雪地的冬天，地球上也就没有四季变化了。

可是，科学家们告诉我们：地球不是"直立着"，而是"歪着"身子公转的。也就是说它的地轴与轨道面不垂直。这样就是我们实验中的第二种情况，太阳的直射点就会在地球的赤道两边来回移动，这样，当太阳直射点慢慢移向赤道北面时，北半球的夏天就开始了，同时南半球也就开始向冬天迈进了；反之，北半球就是冬天，而南半球就是夏天。当太阳直射赤道时地球的南北半球一边是春天另一边就是秋天，反之这边是秋天，那么就是春天。这样一来，在地球的同一个地方就会有春、夏、秋、冬季节的变换更替了。

二、"精雕细琢"的地球

地球可不像我们玩的皮球那样均匀、光滑。它的表面有高山、深谷、沙漠、平原，奇形怪状，千姿百态，好像被什么人雕琢过。为什么地球会是这样的呢？

●（一）名山大川的"雕塑家"——地质作用

地球表面上的高山、峡谷、平原、沙漠等不同的地表形状就是科学家们所说的地貌。那么，这些奇形怪状的地貌形态是怎么形成的呢？原来有一位孜孜不倦的"雕塑家"，年复一年，日复一日不停地"雕塑"着我们的地球，才使我们的地球有了千姿百态的地貌。这位不知疲倦的"雕塑家"就是地质作用。

不安稳的地球——内力地质作用

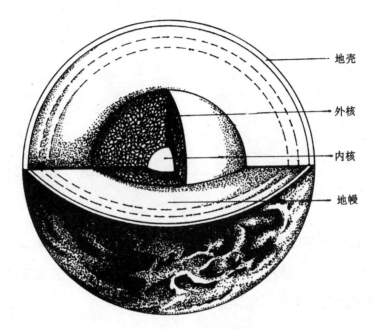

地壳

外核

内核

地幔

地球的内部结构示意图

在我们平常看来，我们的地球非常稳定，几百年、几千年没有什么变化。其实这只是一种假象，地球的内部"闹"得欢着呢！只是我们人类很少觉察到罢了。像火山喷发、地震、地球板块的移动等，几乎每时每刻都在进行着。因为这些活动都是地球内部的"力量"造成的，所以科学家们把这些活动叫作内力地质作用。内力地质作用对地球的影响最大，是形成高山大川的主要原因。比如，号称"世界屋脊"的我国青藏高原，原来是一片汪洋大海，就是因为地球板块的运动才慢慢"拱"了起来，形成了世界上最高的山脉。内力地质作用非常复杂，下面我们还要专门介绍，在这里我们只要知道内力地质作用是造成奇异地貌形态的主要"力量"就够了。

损坏地球表面的"破坏分子"——风化作用

除了地球内部的力量对地表的形态产生影响外，来自地表外部的力量，也对地球的表面有影响，这种影响就是外力地质作用。风化就是一种主要的外力地质作用。

注意观察一下周围，你就会发现，墙上裸露的红砖时间久了就会一层一层地往下脱落；用石头做成的石碑年代久了字迹就会变得模糊不清。为什么会有这种变化呢？原来这就是风化在作祟。做个小实验看看。

小实验：找一块石头放在火上烧热后，迅速地拿出来，放在冷水里，你就会发现石头会迅速地炸裂，或者从表层剥落下一层来。

这是什么原因呢？我们知道，物质有一个共同的特性，就是热胀冷缩。在上面的小实验里，石头在被烧的过程中，它的外部迅速受热膨胀，而里面受热要比外部晚一些，温度也相对低一些，所以膨胀得就要比外部小；相反，把烧热的石头放在冷水里进行降温的时候，受冷水的作用石头的外面温度迅速降低而急剧收缩，而内部温度降低得就要比外部晚一些，慢一些，所以收缩得也就小一些。这样，在石头温度升高或降低的过程中，它的里面和外面膨胀或收缩的速度和程度就不一样。一块整体的石头，内部和外部膨胀收缩速度程度都不一样，不难想象，这块石头肯定会受到损坏。大自然中的石头也一样，白天在太阳的照射下，温度升高，夜晚温度就会下降。这种昼夜温差的变化，虽然不像我们实验中那样强烈，但天长日久也会慢慢对地表的石头造成破坏。

上面我们介绍的风化作用，是在温度变化的作用下，石头的形状裂开了、剥落了，也就是发生了物理上的变化，但石头的化学成分并没有改变，原来是什么石头，现在仍然是什么石头。所以，科学家们把这种风化叫作物理风化。物理风化是风化作用的一种，除了物理风化外，还有好几种风化作用呢！让我们再做个实验观察一下。

不可忽视的风化作用

小实验： 找一块烧石灰用的"青石头"，科学家们把这种石头叫作石灰石。往石头上轻轻滴上几滴我们平常吃的醋，这时你就会发现，石头上滴上醋的地方就会泛起白沫并发出"嗞、嗞"的响声，过后仔细观察你就会发现，滴上醋的地方会出现小小的麻点。

我们知道，食醋是一种酸，酸具有强烈的腐蚀作用，上面我们的实验实际上就是酸对石头的腐蚀作用。我们知道，空气中含有二氧化碳，二氧化碳溶进水里就是酸，这种酸虽然很弱，但是时间长了也会对石头造成很强的腐蚀作用。除了二氧化碳之外，空气中还有氧气，而氧气恰恰是一种很强的氧化物质，很多物质在氧气的作用下，都会慢慢被氧化掉。比如我们日常生活中用的铁锅、自行车等时间长了就会生锈，实际上"生锈"就是铁或其他金属被氧气氧化掉了。不管是酸的腐蚀作用还是氧气的氧化作用，都会使大自然中的石头表面上的东西慢慢变成其他的物质，致使坚硬的石头慢慢疏松、瓦解。很显然，石头的这种变化，和我们前面介绍的物理风化不同，不仅石头的形状发生了变化，同时它的化学成分也变了，完全变成了其他物质。所以科学家们把这种风化作用叫作"化学风化"。

除了物理风化和化学风化，地球上的生物对地球表面岩石也会造成影响。比如，生长在石头缝中的小树，一方面树根会慢慢把石头缝撑大，对石头造成物理上的破坏；另一方

面，树根分泌出的酸性物质也会使岩石腐蚀、分解。所以，生物对岩石的作用既有物理的作用又有化学的作用。科学家们把生物对岩石的这种作用称为"生物风化"。

移山填海的"神力"——剥蚀和搬运

如果仅仅是风化，风化后产生的物质仍然留在原来的地方，这些风化物质越积越厚，就会把原来的岩石掩盖和保护起来，使得风化难以继续进行。可是，大自然中除了风化作用外，还有专门"负责"把风化后的物质弄走的"力量"，这就是剥蚀和搬运。剥蚀，就是把风化后的物质从原来的岩石上剥离开；搬运，就是把已经剥离开的风化物质搬走。我们这里讲的"搬运"，可不是搬运工人搬运货物，而是一种把风化物质搬走的自然作用，是大自然的"搬运工"。有了剥蚀和搬运，风化作用就可以不停地进行。你看，多有意思啊，风化和剥蚀搬运就像是一对共同作案的"小坏蛋"，"狼狈为奸"，共同完成了对岩石的"破坏活动"。

那么，到底是什么东西将风化后的东西剥蚀掉又搬运走的呢？主要有三种物质。首先就是"水"。我们常言说"洪水无情"，流水对地表的冲刷作用是非常强烈的。风化后的东西，脱离了原来的岩石，就会被流水冲走。由山顶冲到山谷，由山谷冲到河流，由河流冲到大海。河流里的沙子、海边柔软的沙滩，都是流水从遥远的山上"运"来的。

风是自然界中主要的"搬运工"

除了水之外就是风。风对风化物质的剥蚀和搬运作用也是非常强烈的。有人可能说：风能有多大力量呀？它还能把石头搬走不成？可不要小看了风，在干旱少雨的沙漠地区，风可是最主要的"搬运工"了。一方面风可以将风化后的东西吹走；另一方面风吹起速度很高的沙粒对其他岩石有很大磨损作用，可以加速岩石的损毁。我国西北黄土高原上几百米厚的黄土，都是风从千里之外的西北沙漠地区"搬"来的，你说风的力量大不大！

在冰川地区，冰川也是主要的搬运力量。冰川是高山上慢慢向下滑动的巨厚冰层，这些冰层是高山上的积雪经过不断积累形成的。冰川的移动速度非常缓慢，但它的搬运作用却非常大。它可以把山上的巨石推到山下，同时还可以像推土机一样，在冰川下面的地表上"挖"出一条深深的槽沟。

威力巨大的冰川

如果说内力地质作用造就了高山的话，风化、剥蚀、搬运等外力地质作用就是要把这些高山"削平"，逐渐夷为平地。有的科学家估计，各种外力地质作用，每年可以把地表"磨"掉0.1毫米，如果没有内力地质作用不断"造山"的话，只需1 000万年，地球上的全部高山峻岭就会被风化、剥蚀、搬运到海洋中去，到那时，地球将全部被海水淹没。

● （二）多姿多彩的地貌形态

地质作用的鬼斧神工，造成了千姿百态的地貌形态，那就让我们浏览一番吧！

斯芬克司得的"怪病"

"得怪病"的斯芬克司

1980年，埃及的报纸刊登了一条"斯芬克司病了"的消息，这条消息引起了全世界的关注。斯芬克司是谁呢？原来斯芬克司就是"蹲"在埃及开罗城外的狮身人面像。它70米长，20米高，是古埃及的法老用修建金字塔剩下的大石头堆砌、雕琢而成的，是古埃及法老权力和威严的象征。狮身人面像，已经足足有4 000多年的历史，是世界文物宝库中的一件"宝贝疙瘩"，每天都吸引着来自世界各地的游客。然而，现在斯芬克司"生病"了，再也不像当年那样威武雄壮了。它的面貌已经模糊不清，眼睛下陷变成了两个深坑，鼻子已经变成了一个黑窟窿，身上还经常脱皮，屁股上已经烂掉了一个洞。

石头雕成的斯芬克司怎么会生这样的"怪病"呢？原来这就是风化的作用。像我们前面介绍的那样，白天，太阳把斯芬克司的"皮肤"晒热了，由于热胀冷缩，它的石头表面的"皮肤"就会膨胀，然而石头里面没有变热，所以不会跟着"皮肤"一起膨胀。这样一来，表皮和里面就会逐渐剥离；到了晚上，气温下降，斯芬克司的"皮肤"开始变凉收缩，而此时石头的里面因刚刚接收到从外面传来的热量，反而要膨胀。外面要收缩，里面要膨胀，这样就会把斯芬克司的"皮肤"绷出一丝丝的裂纹来。

日复一日，年复一年。几千年下来，斯芬克司经不起太阳每天这样来回折腾，"皮肤"就会出现裂纹，并且一片片、一层层地剥落下来了，它的"脸面"也就变得模糊不清了。

大风"修建"的"鬼城"

在我国新疆罗布泊一带的戈壁中，有一座神秘的"城堡"。步入城堡，你就会发现仿佛走进了古罗马的遗址废墟，有残垣断壁的高大"教堂"，有缺砖少瓦的雄伟"宫殿"；又好像踏上了埃及的国土，这里有"金字塔"，有"狮身人面像"，更多的是那些宛若迷宫的狭小"街巷"。但是很少有人进入这座"城堡"的腹地，因为迷宫般的街巷很容易使人迷失方向，而一旦迷失方向，就很难再走出这座城堡了。

那么，这座"城堡"到底是谁建造的呢？多少年来没有人知晓，所以，这座城堡又叫"鬼城"。现在经过科学家们的研究，终于弄清了"鬼城"的来历，答案也许令人吃惊，这座所谓的"城堡"，根本就不是人建造的，而是大自然的"雕刻家"风的杰作。也就是说，它根本就不是什么城堡，而是风的作用形成的一种地貌形态。

神秘的"鬼城"

大风是沙漠的主宰，沙漠世界的一切无不受风的支配和影响，每当大风刮起时，整个沙漠便飞沙走石，尘土飞扬。这时的狂风，夹杂着大量的沙粒，这些随风高速运动的沙粒，就会像亿万把锋利的刻刀，雕刻着阻挡它们的岩石，由于岩石的软硬不一，软的岩石，就会被首先磨掉，使本来完整的岩石，出现沟壑，这样在风沙长期的"雕磨"之下，这些沟壑不断加宽、加深，就会形成一座座酷似城墙、楼房、殿堂的巨大岩壁，由于局部风向、风力都会有变化，这样就会使得这些"建筑物"出现各式各样的形态。更有趣的是，风还可以在这些巨大的岩壁上，凿出"窗户"来。原来，有些岩壁上，夹着一些与岩石本身结合不太紧密的砾石，这些砾石很容易松动，风先把这些砾石吹掉，这样完整的岩壁上，就会出现一个洞眼，然后风沙从洞眼穿过，就会像砂轮一样打磨着洞眼的内壁，使洞眼越来越大，慢慢就变成"窗户"了。这些风造的"窗户"成排地出现在岩壁上，远远望去使人觉得像真的建筑物一样，难怪人们容易被"鬼城"迷惑了。

被大风"刮"灭亡的楼兰古国

在我国汉代的西域，有一个楼兰王国，据史书记载，楼兰古城就是古楼兰王国的国都，它是当时东西交通的枢纽，丝绸之路的西部门户，是西部商业、农业、交通和文化的中心。那时的楼兰城，商贾云集，贸易繁荣。但是，到晋代，楼兰王国却从地图上消失了。历史给这个灭亡了的古国披上了一层神秘的面纱。现在，经过科学家们的研究认为，使楼兰古国灭亡的直接原因就是无情的风沙。

失踪的古楼兰王国

当时的楼兰国正处在孔雀河流入罗布泊的三角洲上，水土肥美，万木成林，物产丰富，生活安定。但是，由于过度的砍伐，森林面积迅速减少，绿色屏障的消失，使得西面毗邻的塔克拉马干大沙漠的风沙，长驱直入，横扫整个楼兰王国，昔日肥沃的土地大片大片地变成荒漠，加上孔雀河改道，罗布泊缩小，干旱加重，楼兰国失去了基本的生存条件，百姓成批迁徙，一度十分繁荣的楼兰王国就这样灭亡了。风沙对人类的影响真是太大了。

石头"蘑菇"

在沙漠里，往往会看到一些像蘑菇一样的石头，细细的把儿顶着一个大大的盖子，这就是沙漠特有的"石蘑菇"。

石蘑菇是怎样形成的呢？和"鬼城"一样，石蘑菇也是风沙的杰作。原来，形成石蘑菇的岩石，一般都是上部比较坚硬，而下部比较松软，这样风沙袭击的时候，下部就会比上部"磨损"快，这样下部越来越细，慢慢就变成蘑菇的样子了。不过这样的蘑菇可千万不能吃啊！

会"爬"的石头

在美国的加利福尼亚有一条死谷，这条死谷内有一种非常奇特的景观，干涸的湖面上，遍布着会"爬"的石头。原来死谷内有一个干涸的湖泊，在干涸的湖底上有许多巨大的石块，有趣的是这些石块的后面都拖着一串长长的"爬行"的"足迹"。显然，这不是人力所为，那么是什么力量使大石块在湖底上"爬行"呢？经过认真的观察研究，科学家们发现，这是风在起作用。原来这里是干旱地区，平时降雨很少，所以湖底是干涸的，当一场难逢的暴雨过后，湖底的泥面就会变得十分光滑，如果这时谷地恰好刮起大风，石块在风的吹动下，就会像溜冰一样在湖底滑动，并留下一串串滑动的"脚印"。

会"飞"的河流

俗话说："天上下雨地下流。"地下的水也只在河道里流，你见过飞上天的河流吗？

世界之大，无奇不有，在我国的新疆就有一条会"飞"的河流。这条河就是横跨天山山脉的白杨河。白杨河只有几十千米长，流量也不大，但白杨河的河谷却是贯通天山南北的通道。每年秋天，从西伯利亚南下的冷空气，受到高耸入云的天山的阻挡，就会涌向白杨河谷这个横跨天山的缺口，河谷内冷空气像肆虐的洪水一样，狂奔南下，形成一股强风，这时的白杨河谷就变成了一条"风道"。大风铺天盖地而来，河水被大片大片抛向空中，又被撕成碎片，在空中断断续续连在一起，顺河而下，形成了"白杨河无水，水在空中流"的壮观景象。

没有山峰的山

提起山我们首先想到的是高耸入云的山峰。的确，多数山都有尖尖的山峰，或者群峰连绵，或者孤峰独立。但是，你见过没有峰的山吗？在山东的沂蒙山区却有许多这样没有峰的山。这些山，多数山腰陡峭挺拔，而山顶却平展坦荡。当地的老百姓把这样的山叫作"崮"。崮的山顶非常平展，小的方圆几亩，大的上百亩，上面一般都有茂密的植物，可以开荒种地。崮是怎么样形成的呢？

山东沂蒙山区的"崮"

　　科学家们把峗叫作桌状山或方山。这样的山一般上面的岩石比较坚硬，而下部的岩石比较松软。这样在风化剥蚀的过程中，下部形成了悬崖陡壁，而上部却没有被风化剥蚀成山峰，仍然保持住了原来的平展状态。这样，没有山峰的山就形成了。

　　没有峰的山的名字都非常有意思。比如，山东沂蒙山区有名的孟良峗，传说宋代的孟良曾经在这里落草为寇，做过山大王。解放战争时期，中国人民解放军在这里消灭了国民党王牌军74师。后来，这段故事被拍成了电影《红日》，从而使孟良峗名声大振。在河北省石家庄的西面，也有一座没有峰的山，当地老百姓把这座山叫作抱犊寨。抱犊寨的山顶方圆上百亩，土地平展肥沃。传说，过去有一位农民想到山上开荒种地，但从山下到山上只有一条崎岖的险路，牲畜根本上不去，怎么办呢？这位农民想了一个主意，他买了一只小牛犊，把它抱上山，在山上把这只牛犊养大，然后用它耕田种地。由此这座山得名抱犊寨。

崇山峻岭中的"野马"——泥石流

　　泥石流是一种特殊的洪水，实际上就是夹杂了大量泥沙、石块从山上奔流而下的洪流。泥石流暴发时，像一匹脱缰的野马，奔腾咆哮，巨石翻滚，浊浪滔天，石块撞击的声音似巨雷轰鸣，响彻山谷。它的前锋可以以数米高的浪头倾斜而下，以巨大的破坏力，摧毁一切。它可以埋没农田，堵塞河道，摧毁路基、桥梁、城镇、村庄。泥石流的破坏力极大，所以，在工程建设中，科学家们非常注意泥石流的影响，能避开的避开，不能避开的就要设法疏导或筑坝拦截。

流水造就的石林

不知你是否到过云南省的路南县，如果到过的话一定会为那里石林的壮观景象而惊叹不已。那里的石头有的像是一根根大大小小的柱子，有的像一座座直立的山峰，密密麻麻竖立在起伏不平的地面上。穿行其间，仿佛进入一片石头组成的树林，令人拍手叫绝，不由地赞叹大自然的鬼斧神工魔力。石林是怎么形成的呢？实际上这是化学风化的"代表作"。

人间美景云南石林

原来，路南地区的岩石主要是石灰岩，这种岩石在酸的作用下就会溶解。另外，这种石灰岩有好多直上直下的裂缝。前面我们已经介绍过，空气中的二氧化碳溶于水中就会使水具有酸性，这种带有酸性的水沿着石灰石的裂缝往下

流，就会使裂缝两边的岩石慢慢溶解、消失，使裂缝不断增大，慢慢地裂缝越来越大，原来的岩石就变成了一根一根的石头"柱子"。这样，经过漫长时间的变化，石林就慢慢形成了。

冰川搬来的"桌子"

在我国的旅游胜地庐山的西谷大林路庐山中学的门口，有两块巨大的石头，叠放在一起，好像一张巨大的石桌摆放在路的当中。"桌面"长5.6米，宽2.9米，高1.3米；底座长8.9米，宽6.1米，高4.5米。奇怪的是，这两块石头与它们周围山上的石头完全不同，也就是说，这两块石头是从别的地方"搬"到这里来的。那么是谁将它们"搬"到这里，又将它们"摆"在一起的呢？谁又有这么大的力气呢？原来这张巨大的"石桌"是冰川搬来的。

大约在200多万年前，地球的气候发生了一次巨大的变化，气候不断变冷，地球两极的冰雪不断向赤道推进，到处是一片冰天雪地，科学家们把这种地球变冷的时期叫作地球的"冰期"。当时的庐山也是银装素裹，满天飞雪。天长日久，雪越积越厚，下面的雪在上面雪层的压力下，逐渐变成了"冰川冰"。这种冰有一定的可塑性，在重力的作用下，由山上慢慢向山下流动。这种流动的冰就是活动冰川。那些挡在冰山前面的岩石，就会被活动的冰川积压、碾碎，冰川两侧山坡上滚落到冰川上的大小石块，就会被冰川带走，运到远方。科学家们把这些被冰川搬运的大小石块，叫作冰川漂砾。意思是："漂"在冰川上的石块。后来气候变暖，冰川融化，这些石块就会被留下，横七竖八地堆积起来。横卧在庐山中学门口这两块巨大的石块，就是200多万年以前，冰川活动遗留下来的所谓的冰川漂砾。科学家们有的把这种冰川漂砾叫作"冰桌"。人自然的力量真是太神奇了！

三、沧海桑田的变迁

我们都知道，地球的表面由两大部分组成，这就是陆地和海洋。地球上有很大一片凹下去的地方，里面盛满了海水，这就是地球上的海洋；几大块凸起来的地方，四周被海水包围着，这就是我们人类居住的大陆；除了大片的陆地，在海洋中还散布着许多小块的陆地，这便是星罗棋布的岛屿。地球表面就是被海洋和陆地铺成的大圆壳。

科学家们精确计算过，地球上海洋的面积总共有36 210万平方千米，大约占地球表面的71%；而所有的陆地加起来总共不过14 900万平方千米，只占地球表面的29%。

辽阔的海洋不仅面积远远超过了陆地，它凹下去的深度也远远超过了陆地凸起来的高度。科学家们告诉我们：从海平面算起，海洋的平均深度是3 795米，而陆地的平均高度只有825米；海洋最深的地方是太平洋里的马里亚纳海沟，深达11 034米，而陆地上的最高峰珠穆朗玛峰只有8 848米高。

这是地球现在的状态，地球原来就是这样的吗？它会不会永远这样保持下去呢？

●（一）地球的身世

要讨论地球的过去、现在和将来，首先要弄明白的问题就是地球到底是从哪里来的。人类自从有文明的时候开始，就在捉摸这个问题了。可惜，当时人们连地球是圆、是方都弄不清楚，自然更不可能对地球的来历做出科学的解释。因此，古代人对地球的来历只有美丽的神话传说，真正对地球起源进行研究，并做出科学解释是最近100年的事。

盘古开天地

关于天地的来历，我国流传着一个动人的神话故事。说的是在亿万年以前的太古时代，宇宙中飘浮着一团混沌的气体球。气体球的里面，一片混沌，既没有光明，又没有声音，有的只是一片死寂。但是，就在这个气体球的中间围困着一个名叫盘古的巨人，他在里面闷得实在透不过气来。一天，他想：与其这样闷着，不如拼它一下。于是，盘古挥舞起一把大斧，向周围一阵猛砍猛劈。霎时，气体球被劈成了上下两半，清气逐渐上浮，浊气逐渐下降。上升的清气每天升高一丈，最终变成了天；下沉的浊气每天加厚一丈，变成了大地。盘古自己也一天天高大起来，经过18 000年，天已

经很高很高，地也已经很厚很厚，盘古自己则变成了顶天立地的巨人。然而，此时盘古这位开天辟地的巨人却平静地死去了。盘古死后，他的眼睛变成了日月，给人们带来光明，血液变成了江、河、湖、海，为人们带来了甘泉，毛发变成了树木花草，给大地带来了生机。他的喜悦变成了晴天，哀愁变成了阴天，咤咤呼声变成了震天的惊雷，躯干化做雄伟的山脉。这样，一个日月同辉，气象万千，有声有色的天地世界诞生了！

神话故事中的盘古开天地

上帝创造的天地

无独有偶，西方也有类似的神话传说。不过为他们创造世界的不是盘古，而是"万能"的上帝。

在《圣经》的《创世纪》中有这样的神话故事：上帝用七天的时间创造了世间万物。第一天，上帝创造出大地，不过当时的天地一片黑暗混沌，于是上帝又创造出光明，分出黑夜与白昼；第二天，上帝创造出空气，充盈于天地之间；第三天，上帝创造出水，又让地上的水汇聚到一处，变成了海洋，露出的旱地就成了陆地，于是大地便有了海陆之分，同时在陆地上创造的花草树木，给大地披上了郁郁葱葱的绿装；第四天，上帝创造了太阳和月亮，让它们分别在白天和黑夜普照大地，使大地沐浴在日月同辉之中；第五天，上帝创造了歌唱的飞鸟，吼叫的野兽，使大地变得有声有色；第六天，上帝创造了人类，让人类管理自己创造的这个世界，同时又给人类创造了能吃的植物、牲畜，于是这个多彩的世界便诞生了。到了第七天，上帝觉得这个美好的世界安排得十分妥当了，劳累了六天应该休息了，于是第七天就定为休息日，这也是我们今天星期日休息的由来。

科学家们的解释

神话故事虽然美丽动人，但毕竟是神话。要真正弄清地球的起源还得依靠科学。关于地球起源的问题，至今仍是科学家们争论的焦点问题。不过比较一致的看法是，地球是由宇宙星云中的物质收缩凝聚而来的。多数科学家认为，大约在46亿年前，太阳周围的气体、尘埃，在太阳形成的同时，也慢慢凝聚，形成了几个大的团块，其中的一个团块就是我们原始的地球。原始的地球，还在不断地吸引周围的一些气体、尘埃和一些较小的团块，同时不断地凝聚收缩，温度慢慢升高，最后变成了黏稠的熔融状态，在这种状态下，由于原始地球自转的作用，较重的物质逐渐聚集到地球的中心，变成了地核；较轻的物质浮在地球的表面，形成了地壳；介于两者之间的东西，则形成了地核与地壳之间的地幔；比地壳物质还轻的东西就形成了原始的地球大气。这样看来地球非常像一个鸡蛋，地壳相当于蛋壳，地幔相当于蛋清，而地核则相当于蛋黄。这就是科学家们所说的地球的层圈结构。具备了层圈结构，原始的地球就形成了。

● （二）记录地球沧桑变迁的"史书"

我国有这样一个神话故事：有一天，仙女麻姑跟另一位神仙王方平在蓬莱仙岛相遇，就对他说："我已经看到东海三次变成桑田了。现在的海水比我上次来的时候浅了一半，看来东海又要变成陆地了。"王方平笑着回答说："是啊，圣人也说东海要扬起尘土了。"成语"沧海桑田"，就是从这个故事中演变出来的，意思是说山川大海，世间万物都是变化无穷的。

十年河东，十年河西

神话归神话，地球上的"沧海"真的变成过"桑田"吗？科学家们的回答是肯定的。地壳形成以后数十亿年来，地球的各处的确经历过数次海洋变陆地、陆地变海洋的事实。那么，科学家们是通过什么知道地球沧桑变化的呢？原来，地球也有记录自己历史的"史书"，只不过这史书一般人读不懂罢了。

第一本"史书"——石头

石头是地球表面最普通的东西，随处可见。但是，你是否知道，石头是记录地球历史的"史书"呢？地球的好多历史都写在石头这本"书"里了。

地球上的岩石，也就是我们平常说的石头，大体上可以分为三大类。第一类石头是由地下的熔融状态的炽热黏稠的岩浆，沿着火山或地壳上的其他"裂缝"涌到地表冷却后形成的。科学家们把这类石头叫作火成岩或岩浆岩。如果我们看到了这种石头，就说明这里曾经有过火山爆发，或者其他的岩浆活动。

我们知道，不管是海水还是河水、湖水，水中总会溶解一些盐类和混进一些泥沙，这些盐类、泥沙变多了就会慢慢地沉积下来，随着时间的变化，压力的增大，这些沉积下来的东西，就会变成石头。此外，在陆地上，由于流水、风的搬运也会有许多东西沉积下来，这些东西时间长了也会变成石头。这种由水下或陆地沉积下来的东西形成的石头，就是地球上的第二类石头，科学家们把这种石头叫作沉积岩。如果我们看到了在海洋中形成的沉积岩，就说明这里曾经是海洋，看到了在陆地形成的沉积岩，就说明这里曾经是湖泊或河流。

地球上还有一种石头，科学家们把它叫作变质岩。从名字就可以看出，这种石头是由火成岩或者沉积岩经过长时间的较高的温度和压力的作用，发生变化而来的。变质岩一般都是比较"老"的石头。看到变质岩，我们就可以知道，这里曾经有过较高的温度和压力，这里的石头年龄比较"老"等。

石头记录下来的东西，远不止这些，只要我们认真去读这本"史书"，就会发现地球的许多秘密。

第二本"史书"——化石

地球历史上的植物或者动物死亡后的"遗体"，和泥沙、盐类一起沉积下来，随着时间的推移，这些"遗体"也慢慢变成了石头。虽然变成了石头，但它们还保持着原来动物或植物的某些形状，使人们能够清楚地看出这块石头是由什么变来的，这种石头就是化石。不难理解，化石肯定在沉积岩里面，因为由火热的岩浆形成的火成岩里不可能有动物或植物；在变质岩里，即使原来有化石也早变得无影无踪了。

不管是动物还是植物，都有它们固定的生活环境。比如鱼类肯定生活在水里，树木肯定长在陆地上，棕榈、樟树只有热带才有，而冷杉、云杉是寒冷地区的树种。所以，根据化石，我们就可以判断原来这里是什么样的环境，是陆地呀还是海洋啊，是温暖呀还是寒冷啊，原来这里是深水还是浅水。

第三本"史书"——地球过去的"磁带"

我们都用过录音带和录像带，那么声音或图像是怎么储存在录音带或录像带上的呢？原来，不管是录音带还是录像带，表面都涂有一层磁性物质，当录音或录像的时候，录音机或录像机就会把声音或图像信号变成磁信号储存在录音带、录像带表面的磁性物质上，这些保存下来的磁性信号就是科学家们所说的剩磁，当放音或放像的时候，这些磁性信号就会还原成声音或图像释放出来。可以这样讲，录音带、录像带就是通过剩磁来保存声音或图像的。所以，平常我们把录音带、录像带统称为磁带。

　　有趣的是，地球也把自己的"历史"录制成了"磁带"，不过播放这些"磁带"要费很多周折，必须经过专门的研究，才能知道这些磁带上记录了些什么。地球是怎么"录制"自己的"磁带"的呢？

生物进化的"史书"——化石

　　我国古书里曾经记载过一个制造"指南鱼"的方法，很能说明这个问题：把一个本来没有磁性的铁片做成"小鱼"的形状，用火把"小鱼"烧红，然后让"小鱼"的身子顺着南北方向放好，让它慢慢冷却，等完全冷下来之后，这条本来没有磁性的"小鱼"，就会变成一条有磁性的"磁鱼"，让他飘浮在水面上就可以指示南北，就和指南针一样。这个记载是很有科学道理的。我们知道，铁的分子本来是有磁性的，这就是铁制东西可以被磁铁吸引的原因，只是因为铁的分子在平时排列得乱七八糟，磁性被互相抵消了，所以才没有显出磁性来。把铁片烧热后，铁片里的铁分子在高温下就可以自由活动。我们知道，地球本身就是一个大磁石，在它的影响下，本来就有磁性的铁分子就会整齐地按照地球磁场的方向排列起来，经过这样的重新排列，铁片做成的小鱼就有磁性了。

"指南鱼"可以说明大道理

和上面"指南鱼"的道理一样，受地球磁场的影响，岩石形成的时候，内部的磁性物质的磁场就会按照当时地球磁场的方向分布，并固定下来。反过来讲就是说，当时地球

磁场的方向会在岩石上留下磁性"信号"，和上面谈到的磁带一样，这种反映当时地球磁场情况的磁性"信号"也叫剩磁。因为这些剩磁是在岩石形成的时候形成的，所以，科学家们把它叫作原生剩磁。原生剩磁非常稳定，几亿年，甚至几十亿年都没有变化。这样，这些带有磁性的石头就悄悄地记下了那个时期地球磁场的方向，指出了地球当时磁南极和磁北极的位置。

在对岩石的原生剩磁进行研究的时候，科学家们发现，同一时代形成的岩石，它们所指出的当时地球磁场并不一样，有的差别还很大。按照这些岩石所指的方向，当时的地球就会有许许多多的南极和许许多多的北极。这又是为什么呢，因为地球只有一个磁场，同一时代的南极和北极只能各自有一个位置，不可能冒出几个南极和北极来。所以，岩石指出的地球磁场不一致，只能说明岩石形成之后，它的位置变化了、移动了，而不是当时的地球磁场有许多方向。

根据这个原理，科学家们可以恢复某个时期地球两极的位置，以及当时大陆、海洋的位置。这门科学就叫古地磁学。

第四本"史书"——忠实记录岩石年龄的"钟表"

对一个人的年龄来讲，我们即使不能确切知道，凭面相一般也能估计差不多。不是吗？老年人脸上的皱纹，肯定比年轻人多。但是要知道石头的年龄可就不那么容易了。"年老"的石头，与"年轻"的石头，用肉眼看上去没有什么区别。可是，我们要研究地球的历史，又不能不弄清各种石头的年龄。这个问题一直困扰了科学家们许多年。

天无绝人之路。放射性同位素在记录石头的年龄方面，帮了人们的大忙！

我们知道，地球上的物质是由100多种元素组成的。每一种元素都有其独特的性质。一般来说，每种元素都有几种不同种类的原子，从原子核的结构上看，同种元素的不同原子，它们的质子数都相同，只是中子数不同。打个比方讲，农贸市场上卖的花生，从整体上看，都是花生，但具体到每个花生却不完全一样，它们当中有的有三个果仁，有的有两个果仁，有的只有一个果仁，不管它们有几个果仁都还是花生。我们知道，质子带一个正电荷，而中子只有质量而不带电，所以同种元素的不同原子的原子核所带的电荷相同，但质量不同。因为元素周期表是按原子核所带电荷的多少排列的，不难明白，同一种元素的不同原子，在元素周期表上只能共同占一个"位置"。所以，科学家们把同种元素的不同种类的原子形象地称为"同位素"。在上面的比喻中，如果把花生比做一种元素的话，那些一个果仁、两个果仁、三个果仁的花生，就是花生的"同位素"。

在100多种元素中，有些元素不稳定，它会变，可以由一种元素的同位素，发射出"一束"人们看不见的射线之后，变成另一种元素的同位素。科学家们把这种元素发射射线，变成其他元素的有趣现象叫作"放射性蜕变"，这

些会向外发射射线，蜕变成其他元素的同位素就叫作放射性同位素。例如铀就是一种放射性同位素，它蜕变之后可以变成铅。

放射性同位素蜕变有一个非常独特的性质，就是蜕变的速度非常稳定，非常缓慢，并且不受任何外界因素的干扰。比如1克铀每年有七十四分之一变成铅，在什么地方也是这个速度。各种放射性同位素的蜕变速度，可以在实验室中通过试验获得。这样，我们只要知道某种石头内放射性同位素和它蜕变后产生的同位素的含量，就可以准确地计算出石头的年龄了。因为这种年龄是通过放射性同位素计算出来的，所以科学家们把这种年龄叫作同位素年龄。

我们介绍了几种记载地球"历史"的"史书"。实际上，地球的"史书"远不止这些，还有许多呢！有兴趣的话，你就去慢慢研究吧！

● （三）漂动的大陆

请翻开一张世界地图，仔细观察大西洋的东西两岸，注意看非洲和南美洲两块大陆的形状，看出什么问题没有？非洲大陆"凹"下去的部分和南美洲"凸"出来的部分，形状是不是非常相似？像不像一个烧饼掰成的两块。看到这里你可能已经发现秘密：非洲和南美洲难道原来是连在一起的？

科学家告诉我们，你的想法非常正确，非洲和南美洲本来就是一个整体，是后来慢慢"分离"的，看似稳定的大陆，也会分裂、漂移。大自然真是太奇妙了！

病榻上的奇思妙想

我们上面介绍的非洲大陆和南美洲形状的问题，早在17世纪就有人发现了，不过当时人们认为这只是一种巧合，并没有在意。

病榻上的奇思妙想

200多年过去了，这个有趣的现象引起了德国一位青年科学家的注意。1910年的一天，患了感冒的德国青年科学家魏格纳正躺在床上休息，眼睛却一直出神地望着墙上挂着的一幅世界地图。他发现不仅非洲的西海岸与南美洲的东海岸形状吻合，而且非洲西北部那块凸出来的地方，正好可以填补中美洲的凹进去的空缺。再看看有名的格陵兰岛，它东西两岸的弯曲形状，又和欧洲的西北岸和北美洲的东北岸相当一致。魏格纳的脑子里忽然闪出了一个明亮的火花：这些大陆早先是不是连在一起的？带着这个想法，魏格纳进行了大量的研究工作，他认定自己的想法是正确的，正式提出了"大陆漂移"的理论。后来许多科学家也证明了魏格纳的理论。

碎报纸的启发

科学家们是如何证明两块大陆原来是连在一起的呢？我们做一个非常简单的实验看看。

小实验： 找两张旧报纸，随便把它们撕成几块，并把撕开的报纸弄乱，然后再把撕开的报纸，重新拼接起来。

你可能会想，把报纸撕开再拼起来，这不是折腾人吗？不是的，在拼报纸的时候你悟出什么道理没有？你是如何断定两块报纸的碎块原来是在一起的呢？形状吻合当然是一条线索，但是，如果碰巧好几块碎报纸的形状都差不多呢？报纸上的文字是不是起了重要的作用？对了，文字能够连贯在一起的碎报纸，肯定原来是在一张上的。

与拼报纸的道理一样，根据大陆上的"文字"，科学家们就可以确定大陆原来的位置。那么大陆上的文字是什么样的呢？这可太多了！

　　首先是石头的性质、年龄。如果两个大陆上石头的性质完全相同，年龄也相同，就证明这两个大陆原来可能是连在一起的。

　　化石也是写在大陆上的文字。在非洲和南美洲，科学家们发现了许多相同的淡水鱼类、青蛙和乌龟的化石。这些淡水中的动物，虽然都是游泳高手，但它们在又苦又咸的海水里是根本无法生存的，更不用说它们游过浩瀚的大西洋了。因此，这些化石是两块大陆连在一起的有力证据。我们前面介绍的古地磁，更直接地证明了大陆的移动。

　　除此之外，还有许多证据，都证明大陆的确有"合久必分，分久必合"的历史。

● （四）海底的"魔力"

　　大陆漂移的理论虽然有许许多多的证据，但有一个问题却困惑了科学家们许多年：是什么"魔力"推动如此沉重的大陆移动的呢？如果这个问题解决不了，大陆漂移的说法就很难站稳脚跟。经过多年的研究，科学家们终于在海底找到了这种"魔力"。

海底的"脊梁骨"和深不可测的海沟

　　过去人们一直认为海底像一个巨大的盆子底那样平展。但是，科学家们用先进的仪器探测发现，海底比陆地还要起伏不平。在各个海洋的中部都有一条横贯大洋的山脉，就像人的脊梁骨一样。科学家们把这种大洋"脊梁骨"叫作大洋中脊。在大洋中脊的中间还有一条几十千米宽，2 000多米深张着"大嘴"的裂口。各个大洋的"脊梁骨"加起来有6万多千米长。

除了高大的山脉之外，海底还有深不可测的海沟。这些海沟主要分布在太平洋的边缘。我们曾经介绍过，菲律宾东面的马里亚纳海沟有11 000多米深，这里是地球上最低的地方，把陆地上最高的喜马拉雅山放进去也绰绰有余。

年轻的海底

在科学家们对海底进行研究的时候，除了高大的山脉和深不可测的海沟，最让人惊奇的是，海底的石头都非常"年轻"，一般都只有几千万岁，几乎找不到超过2亿年的石头。我们知道，陆地上的石头有的都已经30亿岁的"高龄"了。为什么海底的石头会这样年轻呢？原来这是海洋的"脊梁骨"搞的鬼。

我们前面介绍过，大洋中脊中间有一条大裂口。地下的岩浆可以通过这个裂口"冒"出来。从"裂口"中不断涌出的岩浆，像一把"楔子"从裂口"揳"进海底，把原来海底的岩石"挤"向两边，使海底不断"扩张"，同时这些岩浆又会形成新的岩石；后来上来的岩浆又把这些岩石"挤"向两边。这样一来，在大洋中脊的两边就会不断形成"新"的海底，使海底不断更新，因此，海底就不会有年龄太大的石头了。

不断"长大"的大西洋

也许你会想到，老海底不断向外扩张，新海底又不断形成，那么海洋不就越来越大了吗？很对，大西洋就是正在不断"长大"。科学家们经过研究认为，1亿年以前，大西洋的宽度只有现在的1/4。正因为大西洋不断扩大自己的"地盘"，才使得非洲和美洲分开了。有人会说，大西洋不断长大，不就把地球给"撑"起来了吗？不用担心，这种情况是不会发生的。因为有的海洋"长大"，还有的海洋正在缩小呢！

看来大西洋的确在不断"长大"

正在变小的太平洋

大西洋在不断扩大，而太平洋却在缩小。它把自己的"地盘"让给大西洋了。看，太平洋多么"大公无私"啊！

实际上，太平洋和大西洋一样，在它的大洋中脊两边

也有新的海底不断产生。那么，为什么太平洋不"扩张"呢？这是因为太平洋东西两边的海沟造成的。我们前面介绍过，太平洋的两边有上万米深的海沟。这些海沟实际是"吞食"海底的"怪兽"，当扩张的海底碰到海沟时，就会滑进这个"无底深渊"，重新回到地下变成岩浆。因此，太平洋的海底一面不断产生，一面又不断消失，这样太平洋便不会扩大。不仅如此，太平洋还受到大西洋的"排挤"，在不断缩小。科学家们估计，再过一两亿年，太平洋可能就会失去地球第一大洋的"桂冠"，而让位于大西洋了。

坐在"传送带"上的大陆

人们原以为我们脚下地壳是完整的一块，进一步研究发现根本不是这样。包括地壳在内的脚下这块"石头"科学家们把它叫作"岩石圈"不是"铁板一块"，它被大洋中脊中的裂口、深深的海沟和其他断裂分成了许多块，每一块都像是一张巨大的"石板"，科学家们把这种石板叫作板块。现在，多数科学家认为岩石圈可以分为欧亚、美洲、非洲、太平洋、印度洋和南极洲六大板块。在这六大板块中，太平洋板块全部在浩瀚的海洋当中，其他板块上都是既有大陆又有海洋。

在板块的下面是一层黏稠的岩浆，一个个板块就是"飘浮"在黏稠的岩浆上。这层岩浆并不"安稳"，它们有的从大洋中脊的裂口中涌出来，像"楔子"一样推挤两边的板块；有的则在缓慢流淌，同时"驮"着浮在身上的板块一起移动。于是，各个板块像"坐"在"传送带"上的"货物"一样，跟着动起来。板块上的大陆当然也会跟着一起移动，这就是科学家们所说的"大陆漂移"。

"移山造海"

科学家们估计，板块每年大概可以移动1～6厘米的距离。这个速度看起来非常缓慢，但是，经过几千万年，甚至上亿年的积累，就非常可观了，它可以把原来的大陆推到几千米甚至上万千米之外，使地球的面貌发生根本的改观。

由海洋隆起的喜马拉雅山脉

在两个板块分开的地方，就会出现新的凹地或海洋，今天的大西洋就是这样形成的。在非洲有一条著名的深谷叫作

"东非大裂谷"，实际上它就是非洲板块和印度洋板块正在分离张开的一道"裂口"。东非大裂谷目前正在以每年2厘米的速度向两边移动，科学家们估计，再过几千万年，东非大裂谷就会变成新的大洋。

在两个板块互相"碰头"的地方，就是另一种情况了。如果板块的移动比较缓慢，两个板块就会默默地用力"顶牛"，把坚硬的岩石拱起来，形成隆起的山脉。喜马拉雅山就是在3000万年前，驮着印度半岛的印度洋板块，与我国大陆所在的欧亚板块相互挤压拱起来的。直到今天，印度半岛还在向亚洲挤压，所以，喜马拉雅山还在不断升高。如果板块猛烈地撞在一起，岩石还来不及弯曲、拱起，其中的一个板块就会像铁锹一样，插进另一个板块的"身子"下面，这样就会形成又深又陡的海沟，太平洋中的海沟就是这样形成的。

地球大陆变迁史

由于板块移动的作用，地球上大陆已经"合久必分，分久必合"发生了几次变化。

地球最早的大陆大约形成于30亿年前，当时地壳刚刚形成，还很不稳定，陆地的面积很小，并且非常分散，像海洋中的一个个孤岛。大约在20亿年前，由于地壳的活动，地球上发生了一次大面积的"造山运动"，使古大陆的面积有了明显的扩大，不过这时的陆地仍是分散的。

经过十几亿年几次大的地壳运动，大约在7亿年以前，地球上第一次出现了"泛大陆"。所谓"泛大陆"，就是整个地球上所有的陆地都连在一起，形成了一整块陆地。

不过好景不长，这块泛大陆很快就开始分裂，到距今5.7亿年的时候，泛大陆被分成了三大块，南面的一块叫作冈瓦纳大陆，北面一块是古北美大陆，另一块是古欧亚大陆。

大约在4.5亿年前，地球发生了一次大规模的海底扩张，海洋中脊迅速隆起，形成山脉，因为海底隆起，造成海平面升高，各大陆被海水大面积淹没。

古大陆与现在的大陆竟如此不同

大约在3.8亿年前，古北美大陆与欧洲大陆相互靠近，发生冲撞，使原来两大陆之间的加里东海消失，形成加里东山脉。

大约在2.6亿年前经过几次地壳运动，形成了许多新的山

脉，把原来的几块大陆连在一起，地球上再一次出现了"泛大陆"。这块泛大陆一直维持到大约2亿年前。

从2亿年前开始，泛大陆又开始分裂。首先南半球的非洲与南极洲之间、印度（当时的印度在南半球）与非洲之间、印度与南极洲之间开始分裂，印度洋开始扩张；同时，北美洲和欧洲之间也开始出现裂痕，大西洋开始扩张、形成。

到距今1亿年前，大陆继续分裂，各大洋继续增大。非洲与南美洲已经完全分开。印度大陆缓慢北上。但南极洲和澳大利亚暂时还连在一起。

又过了几千万年，印度大陆越过赤道与亚洲大陆发生碰撞，原来的喜马拉雅海槽慢慢升高变成了喜马拉雅山脉，南极洲与澳大利亚分离，地球上的陆地慢慢变成今天这个样子了。

四、"黑暗世界"的秘密

现代科学技术的发展使人类的视野迅速扩大，借助宇宙探测器和现代化的天文望远镜，人们可以对月亮、太阳甚至距离我们几百万光年的恒星、星系以及其他天体进行观测研究，掌握它们的"脾气"、"秉性"变化规律。与无边无际的茫茫宇宙相比，我们的地球太微不足道了，它的半径只有区区6 371千米。但是，就是这区区几千千米，至今仍是科学家们难以攻破的"堡垒"。科学家们可以研究几百万光年之外的星球，但是对脚下这个世代居住的地球，连十几千米之下是什么样子至今也没有直接看到过，那里仍然是一个神秘的黑暗世界。

●（一）"地狱"还是"天堂"

　　地下深处至今还没有人直接看到过，对这个阴暗的世界人们一直充满了神秘感，给了它许多稀奇古怪的想象。

"阴曹地府"

　　过去一些相信鬼神的人，说地下是"阴曹地府"，是"阎王爷"统辖的地方，这里有十八层阴森恐怖的"地狱"，还有刀山、火海、油锅等各种刑具。人在活着的时候如果干了坏事，不仅要受到惩罚，还会被打入地狱的最底层，永世不得翻身。鬼神这些玩意儿当然都是迷信，今天已经很少有人相信了。

"人间天堂"

　　有趣的是，与迷信的人编造的"阴曹地府"正好相反，在100多年前，美国有一个自封为"科学家"的人，名叫西姆斯。他把地下世界编造了一个更为离奇的世界，成为100多年来人们的笑谈。西姆斯说：地球里面是空的，里面空间十分广阔，没有狂风暴雨，没有酷暑严寒，气候四季如春，简直就是人间天堂，非常适合人们去"安家落户"。他还神秘地告诉人们，通往地下的大门一共有两个，一个在南极，一个在北极。当时还真有人相信西姆斯的胡编滥造。美国一些想到地下发财的冒险家，受西姆斯的蒙骗，真的组织了一支探险队，坐船到南极去寻找所谓的"入地之门"。结果当然是"竹篮打水一场空"。探险队白白在南极的严寒中受了一场冻，什么"门"也没找到，只好失望地离开了冰天雪地的南极。

科学家们的争论

西姆斯根本就不是什么科学家，他的"地球是空心的理论"纯粹是没有任何根据的胡编滥造。与此同时，在100多年前，一些专门研究地球的科学家，也根据一些观察到的现象，对地球深处的情况做了种种推测。有的科学家认为：地下全是处于高温下熔化了的、又黏又稠的石头"浆子"即岩浆，火山喷发就是地下岩浆涌出来的结果。

有的科学家认为，地下的温度很高，什么东西在这样高的温度下，也会变成气体。所以，地下是一团高温高压的浓厚气体。

还有的科学家认为，地下的温度虽然很高，但地下的压力更大，要比地表上大多了。在这样大的压力下，任何东西都会变成硬邦邦的固体。所以，地下的东西，不可能是液体，更不可能是气体，而应该是坚硬的固体。

这些科学家的说法都有一定的道理，但是，到底哪种说法对呢？因为人们谁也没有直接看到过地下的真实情况，

所以很难断定谁是谁非。因此，在很长的时间里，对人们来讲，地下一直是一个神秘的、"漆黑一团"的世界。

● （二）"钻下去"看看

要想弄清地下的情况，最好的办法当然是"钻进去"看看，但是怎样才能"钻"到地下去呢？人们为此想了许多办法。

"深挖洞"

也许你已经开始想这个问题了：到地下去没有什么难的啊！挖个洞不就进去了吗？但是问题可没有那么简单。

人们的确在地球上挖过不少洞。采矿工人为了把地下的金啊、铜啊、铁啊等矿石拿上来，就必须挖很深的洞。到目前为止，人类在地球上挖的最深的洞是南非的卡尔顿金矿的采矿坑道。这个坑道一直挖到地下3840多米。在这么深的地下，温度很高，酷热难耐，即使用最大的空调机进行降温，温度仍然高达52摄氏度。另外，这里的压力也非常大，如果在坑道的石壁上钻一个小孔，周围的石头就会慢慢向小孔"挤压"过来，用不了一天时间，小孔就被"挤"没了。但是，在这里人们看到的仍然是和地面上差不多的石头，没有什么不一样的地方。

要是再往下挖，温度和压力还会增加，不仅人受不了，就是挖洞的机器也很难开动。看来，要想挖更深的、人可以"钻"进去的洞是很难办到的。人们只有再想别的主意了。

"钻井眼"

科学家们想，既然挖人能进去的洞很困难，那么用打井用的钻机往下"钻"一个"井眼"，把底下的东西带上来，不就知道地下是什么东西了吗？因此，科学家们放弃了挖洞直接到地下观察的设想，改用钻机往地下打孔，希望从更深的钻孔里取出东西来进行研究，来探索地下的秘密。

我们能钻进地球多深呢

可是，用钻机往地下打孔也不是件容易的事情。一般来说，地表附近是一些土层或比较"软"的石头，强大的钻机，钻起这些东西来，简直就是"小菜儿一碟儿"，不用"费劲"就可以哗哗地把这层土和"软"石头钻开，几

天就可以钻出一口1000多米深的井眼来。但是，再往下钻就不那么容易了。首先，地下的石头要比地表的石头硬得多，所以钻的速度很慢，往往要比上面慢得多。另外，钻机往下"钻"全靠钻头，钻头好比是一把挖石头的"刀子"，在长长的钻杆的带动下，钻头高速转动，不断地把石头"挖开"，就形成了圆圆的井眼。石头硬了，钻头的磨损就快，就需要提上来更换。连接钻头的钻杆是一节一节的钢管接起来的，更换钻头就要把钻杆一节节提上来，换上钻头后再一节节地放下去。在钻到3000米深的时候，单是这个更换钻头的过程就需要好几天的时间，并且钻得越深花费的时间越多。当钻到4000米、5000米的时候，钻进的速度就会非常缓慢。钻一口5000米左右的井往往要花费一两年的时间。

如果继续往下钻，麻烦就更多了。超过5 000米之后，下面的石头的温度和压力就更高，钻头的磨损速度越来越快，而此时更换一次钻头就要花费很长时间。此外，因为深度增大，钻杆不断接长，粗大钢管做成的钻杆，在这样的长度下也会变得像面条儿一样柔软，不肯往下"使劲"。

你可能会问，粗大的钢管做成的钻杆怎么会像面条儿一样柔软呢？我们知道，任何东西都有一定的弹性，当东西较小的时候，弹性可能表现得不太明显，增长之后弹性就充分表现出来了。比如火柴长短的一小段铁丝，你很难把它弄弯，但是同样粗细的一根长长的铁丝你可以随意把它盘起来。钻杆也是这个道理，当接到5000多米长时，再粗大坚硬的钢管也会变得非常柔软。

因此，从5000米往下每钻进一米都要付出很大的代价。美国有一口钻井，费了九牛二虎之力，好不容易钻到了9600米，当他们想继续往下钻的时候，钻头却被地下高温高压的石头卡住了，万般无奈只好停钻，这已经是人类在地球上钻得比较深的一个"井眼"了。

国外一些科学家，打算钻一口15 000米的"超深钻井"，来了解地球内部的情况，这是一个非常惊人的工程。因为当井眼钻到这么深时，仅仅钻杆本身的重量就会把自己的"身子"拉长50米。只有研制出非常坚韧的特种钢材才能经得起这样的拉力。

但是，即使是打出了15 000米的"深洞"，相对于地球6 371千米的半径来，也只能说是划破了地球的"一层皮"，离了解地下深处的情况还差得远呢！所以，单靠"挖洞"、"钻井"想了解地下深处的情况是不可能的，必须寻找其他办法。

● （三）给地球做"透视"

不管是"挖洞"还是"钻井"，按照目前的水平，最多只能了解地表下10千米左右的地方，再深就不行了。这样说来，难道人们再也没有办法探索地下深处的奥秘了吗？不是

的，你别失望，经过多年的努力，科学家们终于找到了一把打开地下奥秘大门的"钥匙"。

"透视"地球的"X光"

我们多数人都到医院做过X光透视。你看X光多神奇呀，不管你穿得多厚，它都能透过你的皮肉，穿过你的骨骼，在荧光屏上把你身体的内部情况显示得一清二楚。如果有一样东西，能像X光穿透人的身体一样，穿透到地球的内部，我们不就可以间接了解地球内部的情况了吗？经过多年锲而不舍的研究探索，科学家们终于找到了这种可以穿透到地球内部的"X光"，这就是地震波。

神奇的地震波

我们知道，地震是一种很凶险的自然灾害，1976年我国河北省唐山市发生了一次强烈地震，百万人口的大型工业城市，在一瞬间夷为平地，24万多人在这场灾难中遇难。地震之所以会造成大面积的灾害，其"罪魁祸首"就是地震波。地震发生时，会向外释放出巨大的能量，而这种能量一般都是在地下深处发出的，如果没有东西把这种能量传播到地表，就不会形成灾害，而地震波恰恰就是传播这种能量的罪恶"使者"。地震发出的能量，通过地震波，穿过厚厚的岩石传到地表，给地表的建筑物造成破坏。

你可能已经看出来了，"劣迹斑斑"的地震波，有一个"穿岩破壁"的神奇本领，它能穿透厚厚的岩石。正是利用这一点，科学家们"变害为利"，把地震波当成了透视地球的"X光"，用它来探测地球深处的秘密。

地震波有几个特性。首先它的穿透性很强，能在岩石中"穿行"；其次，地震波天生"侠肝义胆"，它有一个"吃硬"而"不吃软"的脾气，在坚硬的石头中，它穿行的速度很快，而在一些较松软的石头中却走得很慢，在液体中走得更慢，还有一种地震波，干脆不能在液体中穿行；另外，当地震波遇到不同石头时，有一部分就会从这种石头的表面反射回来，并且遇到硬的东西反射回来的多，而遇到软的东西反射回来的少。利用地震波的这些特性，科学家们就可以探测地下深处的情况了。

当地震发生时，地震波不仅传向地表，同时还长驱直入，向地心"进军"，在这个过程中，每遇到一层不同性质的东西就会有一部分地震波反射回来。在不同地点接受反射回来的地震波，科学家们就会计算出地震波在地下不同深度的传播速度，以及不同深度的东西对地震波反射情况，由此就可以知道地下深处的情况了。

地球的"皮"——地壳

根据研究，科学家们发现我们的地球像一个鸡蛋，从外到内是一层一层组成的。

最外面的一层，相当于鸡蛋的壳，科学家们把这一层叫作地壳。地壳的平均厚度大约是30千米，在地球的不同地方差别很大。在我国的青藏高原，地壳的厚度高达60～70千米，而在浩瀚的太平洋洋底，地壳的厚度只有5～8千米。

夹"糖心"的地幔

地壳下面的一层相当于鸡蛋的蛋清，科学家们把这一层称为地幔。地震波在地幔的传播速度要比在地壳中快得多，所以科学家们推测出地幔物质密度要比地壳大得多。地幔的厚度从地壳往下一直到2 900千米的深处。

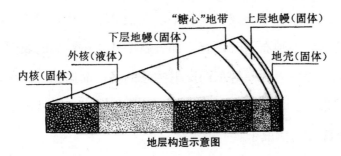

"糖心"地带　上层地幔（固体）
下层地幔（固体）
外核（液体）　　　　　　　地壳（固体）
内核（固体）

地层构造示意图

本来大部分地幔都是固体的，但有趣的是在地幔的上部，在100～250千米的深处，夹有一层呈流体状的东西。好像糖饼中夹着的融化的糖心。那么地幔中间的这层"糖心"是怎么形成的呢？原来在这一层，因为温度已经很高，本来可以把岩石全部熔化成液体的岩浆，这里强大的压力却又紧紧地把岩石"禁锢"住，不让它"痛痛快快"地熔化，因此，这一层就变成了既不是液体，又不是固体，黏稠得像烧红的玻璃一样的东西。科学家们把这一层黏稠的东西叫作软流层。

软流层上面的地幔因为温度较低，所以全都是固体的坚硬的石头，这些石头和地壳里的石头一起共同为地球筑起了一道坚硬的"盔甲"，这层由地壳和一部分地幔共同组成的"盔甲"，科学家们称为岩石圈。岩石圈的厚度一般是70～100千米。软流层下面，因为压力太大这里的石头不可能像软流层里的石头那样"软化"，所以仍然是固体。

地核是块"铁疙瘩"

地幔的下面就是相当于蛋黄的地核。本领高强的地震波给科学家们带回一个重要的信息，地核内物质的密度比地表大得多，一般是水的9～12倍。因此，科学家们推算，虽然地核的体积只占地球体积的16.1%，但它的质量却大约是地球的31%。科学家们推测，地核当中绝大部分物质是密度比较大的铁。铁在这里已经和我们平常看到的铁不一样了。在极高的温度下，地核上部的铁熔化成一种特殊的液体，而在地核的中间，由于压力的进一步增大，又会阻止铁的进一步熔化，所以地核中心铁又变成了一种特殊的坚实固体。因此，我们地球的中心，是一块又沉又硬的"铁疙瘩"。

火热的地下深处

很早的时候，当古代人在矿山的坑道里采矿的时候，他们便知道地下是热的；即使外面是冰天雪地的严冬，矿山深深的坑道里仍然非常暖和。

从地下冒出来的一股股温泉，也向人们说明地下确实是很热的。我国西藏的阳八井地热田喷出的地下高温水汽，温度高达120多摄氏度，比沸水的温度还高，可以直接用来发电。地球内部的温度到底有多高呢？根据科学家们的实际测量，在地下十几米至二三十米深的地方，温度和地面上的温度差不多，而且，一年四季没什么变化，所以，科学家们把这一层叫作常温层。从这一层再往下，温度就开始慢慢升高了。经过测算，科学家们发现，一般说来，每深入地下33米，温度就要升高1摄氏度。从地球的表面到地球的中心，足足有6000多千米，如果按每33米升高1摄氏度计算，地心的温度就应该有20多万摄氏度！这当然是不可能的。因为即使炽热的太阳，其表面的温度也只有6000摄氏度左右。如果地心的温度真的热到了20多万摄氏度，地球早就变成一团气体了。

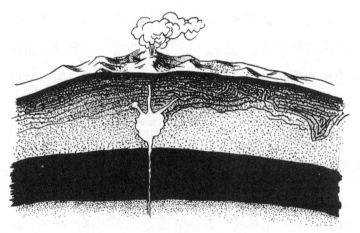

火山爆发

这是怎么回事呢？难道科学家们的计算错了。不是的，每33米升高1摄氏度的测算数据并没有错误，只是这个数据仅在20千米以内有效。再往深处走，这个数据就不准确了。因为地下物质密度很大，热量比较容易传播，上下温度的差别不像地表这样明显，所以温度的升高就变得比较缓慢了。到了25千米以下，深度每增加100米，温度才能升高0.8摄氏度左右。但就是按这个数字计算，地下的温度也是很高的。科学家们估计，地球中心的温度一般有4000~6000摄氏度，这比世界上任何一座炼钢炉的温度都要高许多许多！地球的中心真是太热了。

魔鬼的"烟筒"

火山爆发是地球上非常壮观的自然现象。火山喷发的时候，浓烟滚滚，烈焰熊熊，火山形成的灰尘，随风翻滚，遮天蔽日，一股股炽热的岩浆，顺着山坡向下蠕动，侵吞着树木和良田。古代欧洲人不明白火山形成的真正原因，以为这是地下的魔鬼在拉风箱生炉子，因此把火山叫作"魔鬼的烟筒"。

过去人们一直认为火山里喷出来的是火和烟。直到100多年前，一些科学家冒着生命危险，在火山猛烈喷发的时候到火山口附近实地考察才弄明白，从火山喷出来的不是普普通通的"火"和"烟"。火山喷出的"火苗"，实际上是像铁水一样的呈液体状态的高温岩浆；而火山口喷出的"烟"实际上是一股股水蒸气、岩石碎屑和其他气体组成的烟尘。由于火山喷出的岩浆和烟尘温度很高，所以看起来就和燃烧一样。其实，这和我们平常燃烧煤、木柴冒出的火苗根本不是一回事。

地壳和地幔不是很结实的吗？岩浆是从哪儿冒出来的

呢？原来，岩浆就是从我们前面提到过的地幔中夹着的那层"糖心"中来的。我们前面介绍过，在地幔"糖心"的位置，温度本来已经很高，完全达到了使石头熔化的地步，但是这里巨大的压力，却不让石头痛痛快快地熔化成岩浆，因此这里的石头就变成了黏稠的软流层。而软流层上面的岩石圈不是铁板一块，有许多大大小小的裂缝，软流层黏稠的东西就会顺着这些裂缝涌上来，涌到地壳上部时，由于压力急剧降低，这些黏稠的东西就会"痛快"地熔化成岩浆喷射出来，这就形成了火山爆发。当然，软流层里的东西，不是都能冲到地表形成火山的，有时因为裂缝太小，或者裂缝不太通畅，它就只能涌到"半路"，这些东西就会在地壳的裂缝中冷却下来，形成地下的火成岩。

火山，这个"魔鬼的烟筒"，虽然给人类造成了许多灾难，但也给人们带来了许多便利。火山是地球内部和外部的唯一通道，当岩浆喷到地面时，就会把许多地下的秘密带上来。通过火山喷出的岩浆，科学家们就可以了解地下温度的情况、软流层的情况、地下物质的成分等许多东西。有趣的是，火山还是天然的"化肥厂"。在火山比较多的印度尼西亚和日本，火山喷发常常会给周围的农田撒上一层富含钾的火山灰。我们知道，钾是重要的肥料，因此火山周围的土地往往特别肥沃。

●（四）"颤动"的大地

我们常说"脚踏实地"，言外之意是说大地是非常稳定可靠的。其实我们脚下的大地一点儿也不稳定，它几乎每时每刻都在"颤动"，这种颤动就是地震。单是我们人类能够觉察到的地震每年就有5万多次，也就是说，每隔10分钟就要发生一次这样的地震。那些非常微弱人们感觉不到的地震就更多了，每年高达100万次以上，具有破坏性的大地震，每年也要发生一二十次。

"地动山摇"的力量

地震的力量非常巨大，我们前面介绍过的1976年唐山大地震，几乎把整个唐山市夷为平地；1906年美国旧金山大地震把旧金山化成了一片废墟。地震不仅可以在陆地上发生，还可以在海底发生。你可能会想，在远离大陆的海底地震，可能不会给人类造成危害吧？恰恰相反，海底地震往往影响的面积更大，破坏力更强。海底发生地震，就会在海面掀起滔天的巨浪，这种巨浪会以每小时800千米的速度迅速扩散，当遇到海岸的阻挡时，一个接一个的巨浪就会在岸边

"垒"成一堵几十米高的"水墙"，直扑上岸，对岸上的建筑造成巨大的损害。科学家们把这种由海底地震造成的"巨浪"叫作海啸。陆地上的地震，一般影响的面积在几百千米以内，而海底地震引发的海啸，却可能对上万千米之外的地方造成危害，所以海底地震的破坏力往往更大。

地震释放出来的能量到底有多大呢？科学家们估计，即使是那些人们刚刚能够觉察到的地震，也足以将10 000吨的石头升高1米，一次强烈地震释放出的能量，大约相当于同时爆炸10万颗原子弹。

那么，这样巨大的能量是从哪里来的呢？原来，貌似坚硬的岩石，实际上也有弹性，当它受到地壳运动的挤压、拉伸或扭曲时，就会像拉开的弓一样，把力量逐渐聚集在岩石里面，经过长时间的积累，这个力量越来越大，积累到一定程度，岩石再也承受不住这么大的力量就会突然断裂，像放开的弓一样在一瞬间释放出巨大的能量，使周围的岩石发生震动造成地震。所以，地震的能量实际上是地壳运动的能量在岩石中不断积累形成的。

专拣"软柿子"捏的地震

地震不仅强弱十分悬殊，分布也很不均匀。有的地方经常发生地震，有的地方却很少发生地震。在中亚的一些地方，每月都要发生几十次地震，人们经常会看到墙壁颤抖、吊灯摇晃，都习以为常了。日本也是一个地震很频繁的地方，被人们戏称为"地震列岛"。而在非洲和澳大利亚大陆的内部，大地总是十分安定，几乎从来没有发生过人们可以感觉到的地震。

科学家们把经常发生地震的地方，在地图上涂上小黑点，他们发现这些小黑点组成了两条"带子"。地图上这两条"带子"覆盖的地区，就是经常地震的地区，科学家们把这两条"带子"叫作地震带。其中，一条"带子"正好绕着太平洋转了一圈儿，叫作"环太平洋地震带"；另一条从大西洋的亚苏尔群岛开始，经过地中海、希腊、土耳其和印度北部，再沿着中国的西部和西南部向南拐，经过缅甸，到达印度尼西亚，与环太平洋地震带连在一起，科学家们把这条横穿喜马拉雅山和地中海的地震带叫作"喜马拉雅—地中海地震带"。

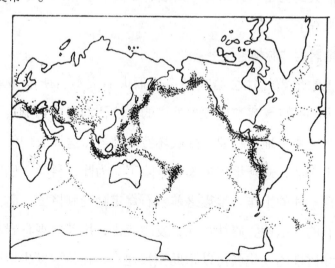

全球地震多发区明显呈带状分布

地震为什么集中出现在地球的这两条带子上呢？原来，地震是一个"欺软怕硬"的东西，专拣"软柿子"捏，在地壳岩石比较完整、结实的地方，一般不容易发生地震，而在地壳岩石有"裂痕"的地方，地震往往乘虚而入，趁火打劫。我们前面介绍过，岩石圈可以分成六大板块，这些板块之间"接口"的地方，岩石不完整，最容易发生地震，而上面说的两个地震带，恰恰是板块接口的地方。其中，环太平洋地震带是太平洋板块与南极板块、美洲板块、欧亚板块、印度板块相互碰撞的地方；而喜马拉雅—地中海地震带恰恰是印度板块、非洲板块与欧亚板块碰头的地方。由于板块的移动，这些板块接口地方的岩石，受到强烈的挤压、扭曲承受了很大的力量，经常发生断裂，因此多发生几次地震也就不足为奇了。

把握地震的"脉搏"

大的地震往往会给人类造成很大的灾难，所以多年以来，人们一直寻找准确预报地震的方法，即用什么办法可以事先知道哪个地方将要发生破坏性的地震，这样人们便可以防患于未然，避开地震带来的危险了。为此，科学家们做了大量探索性的工作。地震之前岩石肯定会受到挤压，而受挤压岩石的导电性、磁性往往会发生变化，用仪器观察岩石导电性和磁性的变化就可以帮助预报地震；在将要发生地震的地方，由于地下岩石的移动，往往地面已经发生倾斜了，这样用精密的仪器观察地面倾斜度的变化，也可以帮助预报地震；地震发生前，由于地下岩石的移动，往往会释放出一些特殊的气体，通过观察地下释放气体的变化，也能帮助地震预报。虽然科学家们想了许多办法，但地震预报仍处在探索的阶段，人们还不能完全把握地震的"脉搏"，准确预报地震，但相信随着科学的发展，人类一定会攻克地震预报的难关。

降伏"恶魔"

仅仅预报、躲避地震是一种消极的方法，还不是人类和地震斗争的最终目的。人虽然可以提前离开地震的区域，但城市、工厂、桥梁人们没有办法搬走，还是要受到地震的损害。要想根本消除地震的危害，人们就必须想办法消灭地震。科学家们在如何消灭地震方面，也做了大量的研究工作。

1962年，美国科学家发现，在用水泵向一个4000米深的钻井灌水的时候，引起了一连串的小地震。这是什么原因呢？原来，地下的岩层在比较干燥时它们之间的摩擦力很大，即使受到挤压也很不容易错动、断开，只有当力量积蓄得十分强大时，才会突然断裂，而这时就会造成强烈的地震。但向地下灌水后，情况就不一样了。水是一种很好的"润滑剂"，加进水的岩石摩擦力大大减小，受到很小的力量就可能发生错动或断裂，这时虽然也会发生地震，但因力量很小只能引发很小的没有危害的地震。科学家们想，这种通过灌水诱发小的地震，释放地下岩石中的能量，阻止力量的积累，"化大震为小震"，不就是"消灭"大地震的好办法吗？科学家们正在许多地震频繁的地方进行这种消除大地震的实验，有的还取得了很好的效果。相信在不久的将来，科学家们一定会想出更好地消灭地震的办法来，彻底降伏地震这个恶魔。

五、爱护我们的地球

地球是我们人类世代繁衍生息的美丽家园，是迄今为止人类在宇宙中发现的唯一有生命的天体。地球不快不慢、恰到好处的公转和自转，适宜的温度，充足的阳光，适宜的大气，丰富的水源，为生命的诞生和繁衍，为我们人类提供了良好的生存环境。虽然人类正在寻找地球之外适合人类生存的空间，但那毕竟还处于探索阶段，至少现在离开了地球人类还不能生存。请热爱我们的地球吧！我们只有一个地球！

●（一）孕育生命的摇篮

人是地球上唯一一种有智慧的高级动物。据科学家们统计，除了人类之外，现在地球上还生活着30多万种植物、100多万种动物和10多万种微生物，此外还有更多的物种至

今没有被发现。正是这些种类繁多、千姿百态有生命的东西，把我们的地球装扮得绚丽多彩，生机勃勃。地球真不愧为"生命的摇篮"。

生命是什么

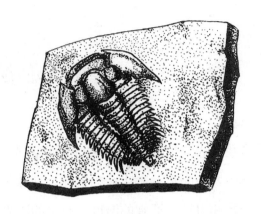

生命是什么

在地球上，我们到处都可以看到有生命的东西，比如有血有肉的动物，绿色的植物，还有细小的微生物等，这些都是有生命的东西。那么，到底什么是生命呢？有人可能会说：生命就是可以活动的东西。这样的回答是不正确的。潺潺流水、飘动的白云都是可以活动的东西，但这两种东西都没有生命。科学家们认为，看一种东西是不是具有生命，主要有两条标准：首先，凡是生命都必须具有自我复制、繁衍后代的能力。我们注意观察一下周围的动物、植物、微生物就会发现，它们都具有繁衍后代的能力。一些动物通过卵生或胎生繁衍自己的后代，一些植物则可通过种子延续自己的生命。其次，生命都具有新陈代谢、吐故纳新的能力。从我们人类这种高等的动物，到非常原始的微生物，都具有吸收外界的新鲜物质、排除自己体内废物的能力，这是维持生命活力的根本。

生命是从哪里来的

生命是从哪里来的？地球上一开始就有生命吗？科学家告诉我们，生命不是一开始就有的。在原始地球非常恶劣的环境下，生命是不可能存在的。生命是由简单的化学原子和无机物逐步发展演化而来的。

氧 碳 氮 氢 → 简单有机分子 → 核酸蛋白质 → 生物

宇宙中有其他形式的生命吗

大约在30亿年前，地球上的氧、碳、氮、氢这些原子相互结合组成了简单的有机分子，这些简单的有机分子进一步结合便形成了蛋白质、核酸一类的复杂的大分子，这些大分子继续结合，终于发展成了能够新陈代谢、繁衍后代的有机体——生物，这时生命就在地球上诞生了。科学家们经过研究发现，生命的基本单位细胞就是由蛋白质和核酸组成的。此外，科学家们还在实验室里模仿30亿年前地球的条件，用氧、氢、氨等几种物质，成功合成了蛋白质。这也证明生命的确是由简单的原子和分子相互结合转化来的。

原始生命出现之后，经过长期的由简单到复杂，由低级到高级的演化，一个千姿百态、丰富多彩的生物世界终于在地球上出现了。

得天独厚的条件

既然简单的原子和分子可以逐渐结合形成生命，那么为什么太阳系的其他行星上没有生命，而唯独地球上有生命呢？原来，要使简单的物质结合成复杂的生命，并逐渐进化成高级的生命，必须具备适当的条件，没有适宜的条件，再多的原子和分子也结合不成生命。

首先，必须有合适的温度，不能太冷，也不能太热。科学家们认为，生命可以存在的温度是零下200摄氏度到零上100摄氏度，而使生命保持活力的温度是0摄氏度到50摄氏度。超过了这个温度极限，生命就不能产生和生存下去。

其次，要有液体的水。水是生命之源，没有水就没有生命。地球上最早的生命就是在海洋里出现的。

此外，还要有适当的大气，大气不仅可以调节温度，而且空气中的氧气和二氧化碳还是动物、植物呼吸必不可少的物质。

我们的地球完全具备了这些条件。由于它距离太阳不太远也不太近，因而地球上的温度不太冷也不太热，正好适合生命的产生和发展；地球上辽阔的海洋和湖泊、河流为生物的生存提供了充足的水源；地球上的空气为生物提供了丰富的氧气和二氧化碳。正是这些得天独厚的条件，使地球成为孕育生命的摇篮。

● （二）人类的家园

地球上的生物，经过30多亿年的进化，大约在200万年前，地球上发生了一次划时代的大事件——出现了人类。与地球几十亿年的漫长历史相比，200万年，简直就是一瞬间。然而，这却是不平凡的、光辉灿烂的一瞬间。因为自从人类出现以后，地球就不只是在进行它自己的自然演化，而开始接受人类的改造，开始出现人为的转变了。地球从此变成了人类的家园。

"氧气库"、"保护伞"和"空调机"

如果有人问你："地球的边界在哪儿呢？"你可能会说："地球海洋上的水面，陆地上的地面不就是地球的边界吗？"这样回答是不正确的。地球海洋上的水面，陆地上的地面只是地球固体和液体部分的表面，也就是我们平常说的地表，地表远不是地球的边界。千万不要忘记，地球还有很重要的一部分，那就是我们一刻也离不开的空气，也就是紧紧包裹在地表外面的大气。

如果我们把地球上陆地和海洋围起来的"圆球"叫作地球的"身体"的话，那么大气层就是穿在地球身体上的"外衣"。可不要小瞧了这层"外衣"，没有它的帮助，可就没有你我的今生今世，它的功劳甚至连父母都比不上，不是吗？我们的祖祖辈辈哪一个能离得开空气呢？地球上没有空气也就没有生命。

空气虽然是一种看不见、摸不着的东西，但由于它与我们人类的呼吸息息相关，离开空气我们人类一刻也活不了，所以人们很早就已经觉察到空气的存在，并对它进行了研究。2000多年前，古希腊人曾经猜想，世界是由水、火、土和气四种最基本的东西组成的，在土地和海洋外面包裹着的就是"气"。他们把这四种最基本的东西叫作"原质"，意思是说这四种东西是组成世界的最基本的"原材料"。希腊人在这里讲的"气"，指的就是空气。我国古代科学家，把空气看得更重要，认为"气"是"万物之本"，认为一切东西都是由"元气"变成的。古人的这些认识当然是不全面的，他们都把空气看成是一种东西了。现代科学研究证明：空气是由多种气体混合而成的。首先是氮气，它占了整个空气体积的78%；其次就是氧气，占了21%，它是我们人类呼吸的主要成分；此外还有少量的二氧化碳、水蒸气和名字古怪的惰性气体。

空气不仅为我们人类呼吸提供了"氧气库"，同时还是我们的"空调机"。我们知道，在太阳系的其他星球上，昼夜温差往往很大，当太阳曝晒的时候温度很高，而当太阳晒不到的时候温度就会急剧下降变得很低。为什么我们地球上不是这样呢？原来这是大气的作用。大气像空调机一样，不断地把热空气吹到冷的地方，而把冷空气吹到热的地方，这样就使得地球上的温度变得均匀、调和，非常适合我们人类活动。

我们知道，在茫茫太空中游荡着许多小行星，它们受地球的引力作用经常会"造访"我们的地球，如果没有大气的阻挡，这些"空中飞贼"就会长驱直入，给地球和我们人类造成伤害。有了大气就不害怕了，多数小行星在没有落到地面之前，就因和大气摩擦烧毁了。此外，太阳发出的紫外线以及宇宙的各种射线，都会对人类造成伤害，大气把这些有害的东西都阻挡住了，使我们人类免受其害。因此，大气是名副其实的"保护伞"。

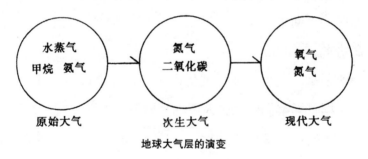

原始大气　　　　次生大气　　　　现代大气

水蒸气　甲烷　氨气　→　氮气　二氧化碳　→　氧气　氮气

地球大气层的演变

地球上的大气并不是一开始就是这个样子的。从地球诞生开始，地球已经"换"了三次大气了。地球上最原始的大气，和现在土星、木星的大气差不多。主要是由甲烷、氨和水蒸气组成的。后来由于太阳的照射，水蒸气的分子被拆开，变成了氢气和氧气。氢气身子较轻，跑掉了，而氧气却留了下来，越聚越多。但是由于氧气的脾气很活泼，喜欢和别人"结合"，它很快又和"原始大气"中的甲烷和氨化合产生了二氧化碳和氮气。这样"原始大气"慢慢就成了主要由二氧化碳和氮气组成的"次生大气"。"次生大气"是地球上的第二代大气。地球上出现生命之后，由于绿色的植物都有"光合作用"的本领，通过这种光合作用，植物把大量的二氧化碳吸收进自己的身体内，制造自己体内的细胞，同时释放出大量的氧气，于是次生大气中的二氧化碳越来越少，氧气越来越多，最后终于变成主要由氮气和氧气组成的"现代大气"了。从此，地球上的植物不断吸收二氧化碳并释放出氧气，而动物的呼吸又不断地吸进氧气，释放出二氧化碳，这样地球大气里的氧气和二氧化碳就基本保持平衡了。

活命的水

除了空气之外，和其他生命一样，人类最离不开的就是水了。据科学家们研究，人不吃饭只喝水可以坚持7天，但如果不喝水的话最多只能活3天。据说，2000多年前，波斯帝国的一支5万多人的军队神秘地失踪了，后来发现这支军队不是死在敌人的刀枪之下，而是被活活渴死在利比亚大沙漠里。实验证明，我们人体内有近2／3的东西是水。不用说皮肉，就是骨头里面也含有40％的水。科学家们还证明，人失去一半的蛋白质还不至于死亡，但如果失去1／10的水，生命便岌岌可危。而我们的地球恰恰给我们人类生存提供了水。

　　太阳系的其他行星上至今还没有发现水，那么地球上的水是从哪里来呢？科学家们认为，原始地球上并没有水，最初的水是从火山喷发的岩浆中产生的。地下的岩浆中含有大量的水，在火山喷发的过程中，这些水便会释放出来。现代火山喷出的气体中有3/4是水蒸气。由于地球形成的初期，到处都是喷发的火山，经过10多亿年的积累，渐渐就形成了地球上的水。在太阳的照射下，海水蒸发形成水蒸气，水蒸气由大气带到陆地，再经过降雨、降雪就形成了江、河、湖、泊和地下储存的淡水。

丰富的食物

　　我们人类要生活就离不开吃饭。慷慨的地球为我们提供了丰富的动植物食品。你看，营养丰富的粮食、可口的瓜果、味道鲜美的肉食鱼虾，哪一样不是地球为我们提供的呢？

　　地球生物在进化过程中，不但产生了人类，同时也产生了丰富多彩的动植物，这些都是人类生存不可缺少的物质基础，地球上的一切动物、植物都是我们人类的朋友。

● （三）无尽的财富

　　地球不仅为我们人类提供了舒适的居住场所，还给我们人类的生活提供了几乎所有的物质财富，我们人类需要

什么，地球就能给我们提供什么，地球是一个名副其实的宝库。

我们制造机器需要各种金属，地球就为我们提供了金、银、铜、铁、锡等各种各样的金属；我们需要能源，地球就有煤炭和石油。据科学家们估计，仅在薄薄的地壳里就蕴藏着400亿亿吨铝、200亿亿吨铁、4000万亿吨铜，还有40多万亿吨钨和40多万亿吨银、10万亿吨煤、几千亿吨石油，就连非常珍贵的黄金，地壳中也有2000多亿吨。我们人类的文明和进步，就是在不断地开发地球这个宝库，没有地球为我们提供的这些宝藏，我们人类也许至今还处在蛮荒时代。

丰富的矿藏

矿藏就是埋藏在地下的各种有用的矿物或岩石。地球上的矿藏非常丰富，为我们人类的生存提供了丰厚的物质基础。

财富的象征——黄金

提起黄金大家都非常熟悉。黄金是一种金黄色的金属，硬度很低，非常容易加工，可以做成很薄很薄的金箔，技术高超的工人用一两黄金就可以打造出几平方米的金箔。黄金非常耐腐蚀，在空气中几乎不会氧化生锈。黄金有很好的导电性，所以在工业中有很大的用处。黄金被广泛用来制作首饰，黄金制造项链、戒指等端庄高雅，非常漂亮。因为黄金非常稀有珍贵，所以，在国际上黄金最大的用途就是充当国际货币。不管到哪个国家，黄金都可以立即兑换成货币，或者直接购买东西。因此世界上各个国家，都储备大量的黄金。

黄金在自然界中的含量非常稀少，通常1吨矿石中只含有十几克甚至几克黄金。开采黄金的矿山要处理大量的石头才能从中选出很少的黄金来。物以稀为贵，这也是黄金珍贵的主要原因。

美丽的宝石和贵重的钻石

宝石就是天然生成的颜色美丽、晶莹透明并且异常坚硬的矿物。由于天然宝石很少，所以宝石非常珍贵，一块好的宝石甚至价值连城。宝石中最贵重的要数钻石了。钻石也叫金刚石，是地球上最硬的东西。好的钻石无色透明，经琢磨之后折射光线可以显现出五光十色的色彩，非常美丽。天然的钻石非常稀少，而且一般颗粒很小，能够像黄豆那么大的钻石就是宝物了，能够像栗子大小的钻石就是价值连城的世界级宝贝了。

说起来你可能不相信，钻石的成分竟然和石墨一样是碳。在我们的印象中，碳一般都是黑糊糊的东西，石墨更是松软，那么碳怎么会成为坚硬无比的钻石呢？原来这是由于原子的结合方式不同造成的。一般的碳都是6个碳原子组成一个六边形的小"桌面"，"桌面"与"桌面"之间的联系非常疏松，这样的碳当然很松软。但是钻石中的碳不一样，它是由4个碳原子连成一个从哪面看都是正三角形的正四面体，这个正四面体中的碳原子同时又是另一个正四面体中的一个原子，这样环环相扣，结合得非常紧密，所以钻石非常坚硬。

巨大的能源库——煤和石油

开动机器需要能源，做饭需要能源，冬季取暖也需要能源，不管是工农业生产还是日常生活，我们都离不开能源。煤炭和石油就是地球为我们人类提供的两大能源。

亿万年后这些植物会变成什么呢

科学家们认为，煤炭是上亿万年前的树木森林变成的；石油和天然气是亿万年前湖泊、海洋里的生物变成的。这些东西死亡之后，它们的"身体"被泥土和沙粒掩埋起来，在地下经过亿万年的变化，形成了煤和石油。

液体的金属——汞

金属在常温下一般都是固体，只有在高温下才会熔化成液体。像金、银、铜、铁等都是这样。但是，有一种金属在常温下却是液体的，只有在零下39摄氏度的时候才能成为固体，这就是汞，我们平常又叫水银。

汞的用处很广。汞蒸气在通电时可以发出紫外线，所以我们平常用的日光灯中都充有汞；汞受热容易膨胀，所以可以用汞制造温度计，我们平常看到的体温计里银白色的液体就是汞。有趣的是汞可以将其他金属溶解，形成的混合液体叫作汞齐。利用这个特点，古代人在为器皿镶嵌金银时，先将金银溶进汞里，形成汞齐，然后将汞齐按照花纹涂在器皿的表面，最后加热，这样汞蒸发跑掉了，金银便结结实实地留在器皿的表面了。

天然含汞的矿物是辰砂，又叫朱砂。因为朱砂的颜色鲜红，所以一般当做红色染料，用来制作印泥，把这种印泥印在纸上千百年都不退色。朱砂还是一种贵重的药物，常用来安神镇惊。

不怕烧的棉花——石棉

相传在中国古代，有一次一个大国和一个小国打仗，小国战败求和，大国派了使臣趾高气扬地来到小国，态度傲慢地提出了苛刻的停战条件。中午吃饭时，这些使臣们故意把洁白的桌布弄得非常肮脏。饭毕主人撤下酒席，将脏了的桌布扔进火炉中。当谈判重新开始时，只见主人将台布从火炉中拿出，抖净上面的灰烬，重新铺在案几上。令大国的使臣瞠目结舌的事情出现了：桌布不仅没有被烧坏，反而变得洁白如新。这些使臣内心非常恐惧，认为是什么神仙在暗中保佑小国，连忙改变了趾高气扬的态度，与小国签订了友好条约。你不禁要问，那块使小国免遭厄运的桌布是什么东西呢？古代人把这种布叫作"火浣布"，意思是可以用火"洗"去赃物的布。据科学家们考证，这种令古代人迷惑不解的布，原来就是用石棉织成的石棉布。

石棉是一种矿物纤维，这种纤维最长可以达到1米，可以织成布。它除了不怕火烧之外，还有耐腐蚀、绝缘等特性。现在被广泛用于防热、防火、保温方面。例如炼钢工人和消防队员的工作服、防火板等，都是用石棉制成的。

大洋底下的宝库

不仅陆地上有大量的财富，在辽阔的海洋地下埋藏着比陆地上还要多的宝藏。

埋藏在海洋中的石油和天然气，要比陆地上多得多。科学家们估计，单是在靠近陆地的浅海下，就埋藏了近3000亿吨的石油。而人类从认识石油至今，也不过开采了500多亿吨。海底还蕴藏着巨大的铁矿。科学家们推测，海底埋藏的铁矿相当于人类总共已经开采铁矿的30倍。更重要的是，海底还有一种被科学家们称为"锰结核"的好东西。

100多年前，英国的一艘海洋调查船，从很深的海底捞上来一些黑不溜秋的像土豆一样大小的东西，当时船员们以为这不过是海底的"泥疙瘩"，没把它放在眼里。最近几十年，科学家们经过研究发现，这些海底的"黑土豆"

可不得了，它是一种海底沉积物，是在千万年岁月中聚集起来的宝贝。这种海底"黑土豆"中含有锰、铜、铁、钴、钛、钼等30多种金属，科学家们为它起了一个好听的名字——"锰结核"。

科学家们发现，在地球各个大洋的底下，都散布着这种锰结核，总重量估计有3万亿吨。如果把这些锰结核里的金属都冶炼出来，铜可以供人类用600年，镍可以用15 000年，锰可以用24 000年，而钴可以满足人类13万年的需要。更有趣的是，海底的锰结核还在不断生长，每年可以增长1000万吨，这比目前人类每年消耗的金属还要多。因此，只要开采得当，这些海底的"黑土豆"就可能成为人类一种取之不尽，用之不竭的金属"宝库"。

● （四）请爱护我们的家园

在地球上众多的生物中，人类是最晚出现的一种生物。但是，这种最晚出现的生物，对地球产生的影响，却远远超过了其他任何生物。

人类的智力越来越高，生产力越来越强，改造地球的本领也越来越大。但是，人类在改造地球的同时，也干了许多对不起地球的"傻事"。这些"傻事"不仅损坏了地球，也破坏了人类自身的生存环境，最终受害的是我们人类自己。

人类应该警醒，再不要干破坏自己家园的傻事了。

变"秃"的地球

前面我们已经介绍过，茂密的森林"创造"了地球上适合人类呼吸的空气，同时维持着空气质量的稳定，使我们人类随时都能呼吸到氧气充足的新鲜空气。除此之外，地球上的森林还起着涵养淡水、保护土地、防风固沙等重要作用。离开了森林，地球就会荒芜，人类就会因失去重要的物质生活条件而逐渐走向消亡。

我们正在自食毁林造成的恶果

然而，令人遗憾的是，由于人类无休止的砍伐，地球上的森林正在迅速减少。我们的地球曾经有2／3的陆地被茂密的森林所覆盖，但目前这个数字只有不到1／5了，并且还在以每年20万平方千米的速度递减，照此下去，用不了100年，地球上的森林就会完全消失，我们的地球就会变成十足的

"秃头"了。到那时，离人类灭亡的时间也就不远了。

明天我们喝什么

水是生命不可缺少的东西，离开了水一切生命都会干涸、死亡。没有淡水我们人类和一切在陆地上生活的生命都不能生存。地球可以说是一个"水球"，它71％的表面被水覆盖着。然而，这些水绝大部分是人类不能饮用的海水，淡水仅占其中的2.5％。在这些淡水中，近77.2％储存在南极和北极的冰山中，22.4％储存在岩石和土壤中，能够被人类利用的淡水少得可怜。但是，就是这点儿少得可怜的淡水资源，也被大量的生活污水、工业废水以及大量农药人为污染得不能利用了。更严峻的现实是，随着工农业的发展和人类生活水平的普遍提高，人类对淡水的需求量却正在不断增加。一方面水源不断减少，另一方面对水的需求量在不断增加，缺水也就是必然的了。

目前，世界上100多个国家不同程度地存在缺水问题，43个国家严重缺水。全世界大约有2／3的农村人口和1／5的城市人口常年得不到卫生安全的淡水供应，约有17亿人没有充足的饮用水，每年因饮用被污染的水而得病或丧生的高达2.5亿人。因水源问题引发的国与国之间的冲突甚至战争不断发生。有人预言，水将是21世纪引发战争的主要因素。

我国是严重缺水的国家，人均占有的淡水资源不及世界平均数的1／2，全国半数以上的城市缺水。华北、西北地区部分农村缺水的情况更为严重，洗脸在这里被视为奢侈，只

有姑娘出嫁才能享受一次。"水贵如油"已经不足以表述这里的缺水情况了。在这里，"宁舍10斤油，不舍一瓢水"，一点儿也不夸张。

我们每天吸进肺里是些什么东西

人类生存一刻也离不开空气，然而空气也被人类弄"脏"了。据科学家们统计，现在每年仅从汽车尾气排到大气里的一氧化碳就有2亿多吨，从电厂的大烟筒里跑到空气中的各种烟尘2亿多吨，其中二氧化硫等有害气体6 000多万吨。此外，人们生活燃烧的煤炭、石油，也向大气排出了大量污染物质。

许多城市长年乌烟瘴气，烟雾沉沉难得见到蓝天、白云。人们吸进肺里的空气到底有多少污染物，谁也说不清楚。在一些大城市里，人们已经感到空气不够用了，商店里开始出售一种"空气罐头"，人们只能从那一小瓶"罐头"里再品尝一下真正新鲜空气的味道。靠"罐头"呼吸不能不说是人类的悲哀！

海洋在哭泣

不但陆地上的淡水遭到污染，浩瀚的海洋也没有逃脱这个厄运。多年来，人们把大海当成了"天然垃圾筒"，肆意向海洋里倾倒各种废物，地表上的各种污水更是大量流向海洋。海水被成片污染，各种海洋生物大量灭绝。明天我们是否还能吃到大海奉献的鲜美鱼虾蟹蚌，就看我们人类怎样做了。

可持续发展是人类明智的选择

宇宙中，蔚蓝色的地球已变得越来越混浊；地面上一片片绿色的原野，变成了斑斑驳驳的"秃子"。地球正在蒙受前所未有的灾难。如果地球有嘴巴，它真该大吼一声："住手，不要再损害我了！"

令人欣慰的是，人类已经开始意识到自己的错误了。1989年，联合国环境规划署第15届理事会通过了"关于可持续发展的生命"，明确提出：人类必须维护和合理使用并不断提高自然环境和资源，在满足当代发展需要的时候，不应削弱子孙后代发展的需求空间；人类绝不能只顾眼前发展，而砸掉子孙的饭碗。可持续发展的观点，受到世界许多国家的认同。1992年，在里约热内卢召开了"地球首脑会议"，世界各国的国家元首或政府首脑参加了这次会议。会议通过了全世界可持续发展的共同纲领《21世纪议程》。《21世纪议程》明确指出：人类已经处在关健的历史时刻，人类对地球的肆意掠夺和污染，已经超过了地球的极限，地球已经不堪承受。地球已经向人类亮出"黄牌"："人类，不要制造自己的坟墓！"《21世纪议程》还对合理利用资源、保护地球生态环境提出了行动准则。《21世纪议程》为人类开辟了一条充分认识人与自然协调发展的道路，一条子孙万代持续发展的道路！

六、地球的"卫士"——月球

1989年7月20日，在美国首都华盛顿举行的纪念"阿波罗"飞船首次登月20周年的纪念会上，当时的美国总统布什雄心勃勃地向全世界宣布：美国将重返月球，在21世纪的头十年里建成可供人类居住的月球基地，以后将从月球基地出发，对火星进行载人飞行和开展其他宇宙探测。通过月球人类将进入更深的宇宙，月球将成为人类进入宇宙的"桥梁"！

月球是什么？它和我们地球是什么关系？它是从哪里来的？它对我们人类的作用真像美国总统布什说的那么重要吗？

● （一）神话和幻想中的月亮

"窗前明月光，疑是地上霜。举头望明月，低头思故乡。""明月几时有?把酒问青天。不知天上宫阙,今夕是何年。"古往今来,不知有多少文人墨客为月亮赋诗填词,也不知有多少关于月亮的神话和幻想在人间流传。

嫦娥奔月

在我国关于月亮的神话故事中,流传最广的要数"嫦娥奔月"了。

传说在很久很久以前,天上不是一个太阳,而是有十个太阳同时照耀着大地。在十个太阳的同时"烘烤"下,大地好像变成了巨大的"火炉",于是河流干涸,田地龟裂,森林着火,庄稼烤焦,蛇蝎横行,民不聊生。

神话故事中的后羿射日

天上一位名叫后羿的天神,英勇无比,能骑善射。他用的弓是天地间最硬的弓,他用的箭是天地间最利的箭。后羿见十个太阳给百姓带来了无限的灾难,义愤填膺,于是下凡来到人间为民除害。他站在高高的山顶上，左手端弓，右手搭箭，弓似满月，箭如流星，向太阳射去，一连九箭，九个太阳应声落地。从此，天上只剩下一个太阳，它东升西落，给人们送来光明和温暖，江河湖海碧波涟漪，大地又恢复了勃勃生机。然而，后羿为民除害的行为却触怒了天帝，因为他射杀的九个太阳正是天帝的九个宝贝儿子。于是，后羿被革除神籍，永贬尘世。正直英勇的后羿并没有为此气馁，反而无牵无挂地留在人间，一心一意为民除害。后来，他又娶了美若天仙的嫦娥为妻，两人相敬相爱，共同建立了一个美满幸福的小家庭。西山王母为了表彰后羿在人间的功劳，把一粒仙丹赐给了他，并告诉他说："这粒仙药吃一半可以长生不老，如果把它全吃了就会超生天界。"后羿高高兴兴地把仙药带回家里，交给嫦娥保存，并说选一个好日子同嫦娥分吃。

然而，一个心狠手辣的歹人，嫉妒后羿的威望，觊觎后羿的仙药，对嫦娥的美貌更是垂涎三尺。这个歹人卑鄙地暗害了后羿，想盗走仙药霸占嫦娥。为了免受歹人的欺辱，嫦娥急中生智，吞下了丹药。吞下丹药的嫦娥立即觉得全身清爽，身体轻盈，不一会儿便轻飘飘地飞了起来，从窗户飞上了屋顶，又从屋顶飞上了天空。她边飞边喊，要人们团结起来，共同消灭歹人，为后羿报仇。

飞着飞着，嫦娥发现一轮明月离自己越来越近，好像在向她微笑、招手。嫦娥从小就喜欢月亮，喜欢它的温柔、雅静，喜欢它的纯洁无瑕。于是，嫦娥决定不再去天国，就在月亮上安身。

"嫦娥奔月"

来到晶莹碧透的月宫，嫦娥发现，这里是一座金碧辉煌的宫殿，水晶做成的柱子发出彩虹一样的光彩。这里有一棵高大的桂树，吴刚正在徒劳无功地挥动大斧子砍树，一只三条腿的蟾蜍活蹦乱跳地蹦来蹦去，而一只通身洁白、眼睛鲜红的小兔子正拿着药杵在不停地捣药……月宫的一切是那样的恬静。嫦娥义无反顾地在月宫住了下来。

虽然住在月宫，但嫦娥却始终心系人间。她整夜整夜地遥望着她曾经生活过的人间凡界，回想她和后羿共同生活的日子，为人们的欢乐而高兴，为人们的苦难而忧愁。美丽、聪明、善良的嫦娥仙子，始终深深关怀、热爱着同她共过患难和欢乐的人们。

"嫦娥奔月"的神话不仅在我国广为流传，在全世界也颇有影响。美国的"阿波罗"登月纪念馆里，陈列着一幅巨大的"嫦娥奔月图"，用来表达世世代代的人们对登上月球的神驰向往。

唐明皇神游月宫

在我国，除了嫦娥奔月的神话故事之外，还流传着一个唐明皇游月宫的故事。

唐明皇神游月宫

唐明皇是1 200多年前的唐朝皇帝唐玄宗，名叫李隆基。传说，有一天晚上，他带着众嫔妃、大臣赏月。月色皎洁，如诗如画，唐明皇突发奇想，要是能到月宫里去游玩一番，该有多妙！随从唐明皇赏月的一位道士，把手中的一根拐杖用力扔向天空，顿时，拐杖变成了一座通往月宫的长桥。唐明皇率众嫔妃走过长桥进入月宫。月宫里凉风习习，乐曲声声，宫女们正在翩翩起舞。如此的良辰美景，使唐明皇如醉如痴，流连忘返，乐不思蜀。无奈，美景不长，归期已到，唐明皇只好恋恋不舍地离开月宫，踏上归途，随着他们离去的脚步，身后的长桥也慢慢消失了。

形形色色的"月球人"

我们中国的神话故事，为寂静的月宫创造了吴刚、嫦娥、玉兔等许多美丽动人的神话人物。更为有趣的是，许多科学幻想家，也认为月球上有月球人，并凭着他们的想象，在他们的科学幻想著作中对自己设想的"月球人"进行了稀奇古怪的描述。

月球探险表明并不存在"月球人"

16世纪一位英国的科学幻想家，写了一部名叫《月球人》的书。书中写到，一位英雄驯养了一大群特别擅长飞翔的野天鹅，乘坐这群野天鹅，这位英雄飞上了月球，在月球

上这位英雄受到了一群体形彪悍魁梧的月球人的欢迎。月球人的身上长满了羽毛，摇动身上的羽毛他们就可以飞起来到月球的各处"旅游"。月球人在月球的地面上是像麻雀一样跳跃着行走的，他们一下子就可以跳得很远。月球人过的是人人平等的原始共产主义生活，这里没有尔虞我诈，也没有弱肉强食，大家共同劳动、共同生存，非常和谐融洽。

美国的一位科学幻想家也写过一个描写一位名叫汉斯·帕福尔的人登上月球的科学幻想故事：来自月球的一个气球降落在荷兰海港城市鹿特丹市中心的广场上，给汉斯·帕福尔送来了一封信，邀请他到月球上去。汉斯·帕福尔按照信上的指点，乘坐一个特制的气球，飞上了月球。他在月球上一着陆，许许多多的月球人争先恐后地围拢上来，欢迎这位来自地球的使者。汉斯·帕福尔发现，月球人的样子很怪，它们都是个子很矮的侏儒，没有耳朵。因为月球上没有空气，汉斯·帕福尔没有办法和月球人交谈，只好把自己在月球上看到的一些情况写成书信，让一个月球人送回地球。

● （二）人们眼中的月亮

神话和幻想毕竟不能代替现实。人们对月球的观测和研究并没有停留在神话和幻想上。古代和近代的科学家们凭着自己的聪明、智慧，在极其简陋的条件下，经过长期的观测、研究，逐渐积累，他们掌握了许多月球的秘密。

月亮的光是从哪里来的，它有多亮

月亮给我们最直观的印象莫过于它那银白色的月光了。看到又大又圆的月亮时，几乎没有人不对它那明亮而又皎洁的月光心驰神往。那么，月亮的光是从哪里来的呢？它也像恒星一样是自己发的光吗？不是的，经过长期的观测，人们发现，月亮和太阳不一样，不总是圆的，它有圆有缺。要是月亮也像太阳一样自己会发光，怎么会这样呢？如果月亮自己不会发光，而是反射太阳的光，这种现象就很好解释了。所以，很早以前，人们就知道，月亮不会发光，它的光是反射的太阳光。

你可能觉得既然月亮这么亮，它肯定是把照射到它上面的太阳光全部反射出来了。其实远不是这么回事，月亮可没这样"慷慨"。科学家们研究发现，月亮只把照在自己身上的7%的太阳光反射了出来，其余的93%都被它自己吸收而"中饱私囊"了。

那么，月亮究竟有多亮呢？打个比方，月亮在满月时候的亮度，大约相当于21米之外100瓦灯泡的亮度。这种比方不太科学。科学家们用"星等"来表示天体的明亮程度，比如，6等星、5等星、1等星、0等星、负1等星等。星等越大，亮度越小；星等越小，亮度越大。人们用肉眼能够看到的最暗的星星，是6等星。每差1等，亮度大约差2.5倍。比如，2等星要比3等星亮2.5倍，1等星要比2等星亮2.5倍。我

们熟悉的织女星是0等星，太阳的亮度是负26.7等，月亮在满月时的亮度是负12.7等。这样算来，月亮大约比人类用肉眼看到的最暗的6等星亮3 600万倍。如果与太阳相比，月亮的平均亮度只有太阳的1／465 000。

从"小镰刀"到"天银盘"——月相的变化

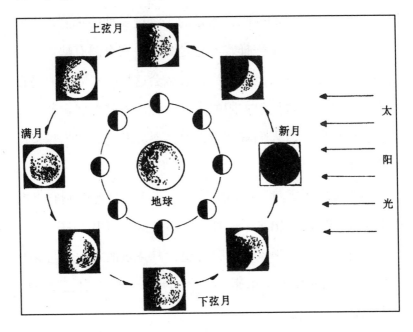

月相变化示意图

月亮给人们另一个直观的印象就是它圆缺的变化。你看，它有时弯弯的，像一把镰刀；有时像被切开的半个圆"烧饼"；有时却圆圆的，像一个挂在天空的银白色的盘子，有时却又整夜看不到它的影子。科学家们把月亮的这些不同形态叫作月相。那么，为什么会有不同的月相呢？我们知道，月亮本身不会发光，它的光是反射的太阳光；我们还知道，地球是围绕太阳转的，而月球是地球的卫星，它是围绕地球转的。知道了这些，我们就不难理解月亮为什么会有不同的月相了。当月球走到太阳与地球之间的时候，太阳光照射不到的半个月球正好对着我们地球，这时我们从地球上就看不到月亮，科学家们把这种月相叫"朔"。随着月球绕着地球公转，它被太阳照亮的那半个月面慢慢开始有一部分对着地球，这时在地球上我们看到的月亮就是一天比一天大的向右弯出的"镰刀"；月球继续公转，当转到差不多与太阳到地球的方向呈90度的时候，被太阳照亮的半个月面正好有一半对着地球，这时我们看到的月亮就是半个"圆烧饼"，科学家们把这种月相叫"上弦"；上弦后，月球被照亮的半个月面，越来越多地朝向地球，我们逐渐可以看到大半个月亮，当月球走到与地球到太阳的方向差不多180度的位置时，它被照亮的半个月面正好对着地球，我们就可以看到一轮圆圆的月亮，科学家们把这种月相叫"望"。同样的道理，"望"过去之后，月亮又会一天比一天变小，逐渐变成半个"圆烧饼"，这时的"圆烧饼"叫下弦，而后又会慢慢变成"小镰刀"，"镰刀"越来越小，直到又看不到月亮，月相变化的又一个周期就开始了。

月亮的"朔"在农历的初一左右，"望"在农历的十五前后。

月亮不让我们看它的"后脑勺"

稍加观察就会发现，除去有圆有缺的变化，月亮的"面孔"总是一副"老样子"，它"脸上"的黑影总是那副模样。也就是说，从地球上我们只能看到它的"前脸"，它的"后脑勺"我们永远也看不到。这是为什么呢？原来这是月球公转与自转造成的。月球不仅绕着地球公转，同时它还自转，而且恰恰公转周期与自传周期完全相同，也就是说，月球每围绕地球转一圈儿，它自己也同时自转一周。这就使得它永远用一面对着地球，我们在地球上永远也看不到它的另一面。这是什么道理呢？其实道理非常简单，不信做个实验看看：

小实验：找一张桌子，然后你围着桌子转圈儿，但要保持始终面向桌子。这时你就会发现，要想始终面向桌子，就必须在围绕桌子转的同时，转动自己的身体。比如，你站在桌子的北面，这时你面向桌子的话就是面朝南；当你转到桌子西面的时候，你还面向桌子，这时你已经是面朝东了。你绕桌子转了90度，自己的身体也刚好转了90度。

通过上面的实验，不难理解，正是因为月球的公转周期与自转周期完全相同，才使得它永远用一副"老脸"对着我们，要想看到它的"后脑勺"，在地球上是没有办法做到的，只有坐上宇宙飞船，绕到它的后面去才能看到它的背后到底是什么样子。

影子"捣乱"——日食和月食

有时，本来光芒四射的太阳，却突然被一个黑影挡住了一部分，黑影越来越大，太阳的光辉渐渐减弱，甚至整个日轮都被黑影挡住了，这时就如同夜幕降临，天上的星星都出来了，过一段时间黑影不见了，太阳又恢复了原来的光辉，这就是日食；有时在满月的夜晚，好端端的一轮明月，却慢慢地缺了一块，以致完全变暗，过一段时间又重新慢慢变圆，恢复原样，这就是月食。为什么会发生日食和月食呢？原来这都是影子捣的鬼。

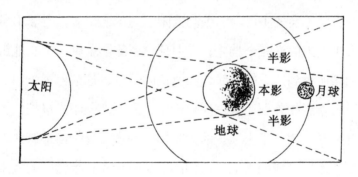

月食形成原理示意图

我们知道，任何不透明的东西在日光下都会留下影子。同样，月球和地球在太阳光下也会留下影子，并且它们的影子很大、很长，只不过它们的影子留在了宇宙空间，我们一般看不见罢了。当发生日食或月食的时候，我们就可以间接地发现月球或地球的影子了。

我们知道，月球围着地球转，地球带着月球共同围着太阳转。当月球转到太阳和地球之间的时候，如果太阳、月球、地球正好或近似地在一条直线上的时候，太阳射向地球的光线就会被月球遮掉一部分，月球的影子就会落在地面上，这样处在影子当中的人们就会看到日食。很显然，日食肯定发生在"朔"日，即月球处在太阳和地球之间的时候。因为每个月都有"朔"日，那么为什么不是每个月都发生日食呢？原因很简单，因为月球绕地球公转的轨道与地球绕太阳的公转轨道，不在一个平面上，而是呈一定的角度，所以，即使在"朔"日，月球虽然在太阳与地球中间的位置，但并不一定在一条直线上，也就不会发生日食。因为太阳比月球大得多，月球不可能把太阳发出的光完全挡住，在月球留下的影子中，中心地带是把太阳照射到这里的光线全部遮住的部分，这部分影子叫"本影"；本影的外面还有一部分影子，只是部分阳光被挡住了，这部分影子叫"半影"。因为本影区的太阳光全部被遮住，所以处在本影区域的人们，看到的就是日全食；半影区的太阳光只有一部分被遮住，所以半影区的人们看到的就是日偏食。

不难理解，当月球转动到远离太阳，地球处于太阳和月球之间时，如果太阳、地球、月球正好或近似在一条直线上，地球的本影就会扫到月球上，这样就会有部分或全部月面得不到太阳光，月亮就会缺一块，或全部变暗，这就是月食。很显然，月食肯定发生在"望"日。

日食月食的发生很有规律，因为人们已经完全掌握了地球、月球的运动规律，所以日食月食可以准确预报。

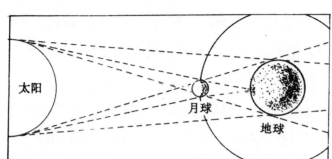

日食形成原理示意图

● （三）地球"卫士"的真相

经过近50多年的科学探测，科学家们已经掌握了月球的许多情况。

月球"基本档案"

月球的平均直径为3476千米，大约是地球直径的3／11；月球的表面积大约是地球表面积的1／14，比亚洲的面积稍小一点；月球的质量大约是地球的1／81。由于月球的质量小，所以月球上的重力比地球上的重力小得多，大约只有地球的1／6，一个60千克的成年人，在月球上只有10千克重。月球沿一个椭圆形轨道绕地球转动，转动的方向与地球的公转方向相同，也是自西向东，月球到地球的平均距离是384 401千米。

没水的"海洋"

前面我们已经提到过，在月球的表面总有几块黑影子，淡淡的，但非常清楚，而且老是那个模样，位置也没有变化。这些黑影子是什么呢？

17世纪，意大利科学家伽利略第一次用望远镜对准月球的时候就对这些黑影产生了兴趣。然而，当时伽利略用的望远镜非常简陋，看不清它们到底是什么东西。伽利略想，月球上大概和地球一样，也有陆地和海洋，于是他认为黑影大概就是月球上的海洋，还给它们起了名字：云海、湿海等。

现在我们已经知道，所谓月球上的"海洋"，只不过是月球上比较平坦的地方，也可以说是"平原"，只是因为伽利略当初把它们叫作"月海"，所以"月海"也就沿用下来了，但是，"月海"里可没有一滴水。

月球上的环形山

月球表面最大的特点莫过于它的环形山了，大大小小、密密麻麻地布满了月球表面，最大的直径可达几百千米，小的几千米甚至几米。有人初步统计了一下，月球上直径大于1千米的环形山大概有30万个，直径1米以上的环形山比这个数字还要多1 000倍。环形山多数呈饭碗一样的结构，四周是环形的山壁，中间比较平坦，所以也叫"月坑"。科学家们认为，大部分环形山，特别是直径比较大的环形山是火山爆发遗留下来的；一小部分，尤其是一些直径较小的，多半是被陨石撞击出来的。

月球环形山

月球上的山脉和山峰

和地球上一样，月球上也有山脉。月球上的山脉一般都是按地球上山脉的名字来称呼的。月球上最大的山脉是亚宁山脉，长1 000千米。月球上不仅有山脉还有山峰，高达1 000米以上的山峰有200多座；6 000米以上的山峰有6座。最高的山峰，据测量高达9 000多米，比地球上的珠穆朗玛峰还高，不过最近有人对这个数字提出质疑，但是月球上有许多高大的山峰，这一点是肯定的。

天气预报无用武之地

月球上没有空气，当走进这个世界里，地球上的一切习惯都不适用了，我们完全到了另一个世界。这里四周万籁俱寂，没有一点声音，因为没有空气传播，即使对面说话也听不见，这里没有风、霜、雨、雪和风云变换，所以天气预报在这里毫无用处。

由于没有空气散射，月球上没有蓝天，白天也能看到星星，除了星星、太阳的光芒之处，天空白天也是一片漆黑。

因为没有空气调节，月球上温差极大，太阳照到的一面，最高温度可以达到127摄氏度；而太阳没照到的那一面竟又冷到零下183摄氏度。

人类在月球上生活太困难了。除了必须戴输氧头盔之外，还要带足在地球上做好的食物，否则在这里是做不熟饭的，因为在这里没有大气压，水在零摄氏度以上就沸腾了。

月球是从哪儿来的

月球是从哪里来的？它是如何诞生的？这是个很吸引人的问题，同时也是一个很难回答的问题。科学家们有许多猜测，但至今没有统一的说法。

有人认为月球是从地球"分裂"出去的。在地球形成的初期，地球的自转速度非常快，离心力很大，加上太阳的引力，地球的赤道部分逐渐"鼓"了起来，越鼓越大，最后一大团物质与地球分离，飞了出去。这团从地球分离出去的物质就慢慢变成了月球。月球分裂出去留下的"窟窿"就是今天的太平洋。这种说法貌似很有道理，其实有许多讲不通的地方。比如，地球要想把一团物质"甩"出去，必须有很高的自转速度，差不多要达到每两小时一圈儿，但是，没有任何迹象表明地球曾经如此"疯狂"地自转过。另外，如果月球是从地球分离出去的话，月球与地球之间的物质成分应当基本一样，但实际上并不是这样。所以，看来这种"分裂说"的可信度不大。

还有人认为，月球是地球从太空"俘获"的。持这种观点的人认为：月球原本是和地球没有任何关系的小行星，由于它的轨道很扁，在靠近地球时，被地球引力"俘虏"，改变了轨道，变成了地球的卫星。这种说法好像比"分裂说"合理一些，但是也有问题。宇宙中大的天体把小天体"俘虏"的可能性是有的，尽管机会很少。但是，具体到地球和月球就不一样了，因为地球的质量只是月球质量的81倍，在宇宙中，这种质量差别应当说是很小的，也就是说月球和地球的质量基本相当。在这样小的质量差别情况下，地球只可能对月球的轨道产生一定影响，要想"俘虏"月球，"力量"是不足的。所以，这种"俘获说"也值得研究。

还有人认为，月球是和地球一起形成的。这种观点认为，太阳系是由一个星云形成的。星云中的大部分物质凝聚形成了太阳，周围的物质慢慢凝结形成了行星。在地球形成的过程中，一部分重物质凝聚到中心，慢慢形成了地球，原始地球周围的一些物质，慢慢碰撞、凝聚形成了月球。虽然是在同一个过程中形成的，但因为地球形成早一些，月球要晚一些，所以它们的成分不完全一样。这种学说科学家们称为"同源说"。同源说似乎比较有道理，但是也还有些问题没有解决。至于月球到底是如何形成的，还有待于科学家们继续研究。

● （四）九天揽月——人类对月球的探测

随着现代科学技术的发展，人们已不满足仅用肉眼或从望远镜中"窥视"月球，人们渴望把飞上月球的神话和幻想变为现实。自从火箭问世，特别是1957年前苏联第一颗人造地球卫星发射成功之后，人们飞往月球的愿望变得更加强烈了。

不容易"打中"的"靶子"

你也可能会想，登上月球也没什么难的，月球那么大个头儿，既然有了大功率运载火箭，瞄准月球"打"上去不就行了吗！事情可不是那么简单。你千万不要以为月球是个庞然大物，这么大的"靶子"打起来很容易。

我们知道月球距离地球38万多千米，每隔27天多一点就绕地球转一圈儿，飞行的速度高达每秒1千米，比空气中声音传播的速度快两倍。从地球发射火箭需要30多个小时才能到达月球。这么远的距离，这么长的时间，要"打中"运动速度如此之快的月球谈何容易。

月球探险时代的到来

1959年1月2日，前苏联向月球发射了"月球一号"无人探测器，途中飞行还算顺利，两天后接近月球，遗憾的是没有"命中"，而是从距离月球6 000多千米的地方"擦肩而过"，与月球"失之交臂"。

1959年12月美国制订了"徘徊者"计划。这个计划的主要目标是：向月球发射无人探测器"击中"月球，探测器在"硬着陆"前逼近月球的过程中对月面拍摄照片，并送回地球。遗憾的是，从1961年8月发射"徘徊者一号"起，到1964年1月，发射"徘徊者六号"，美国人向月球发射了6位"徘徊者"，其中4次没有"击中"月球，只有"徘徊者四号"和"徘徊者六号"击中了月球，但没能发回照片。直到1964年7月发射的"徘徊者七号"才击中月球，并发回了照片，获得了成功。

第一次"击中"月球

1959年9月12日，前苏联向月球发射了第二枚探测器"月球二号"，这次"一发命中"，"月球二号"不负众望，于1959年9月14日零时2分29秒在月球"硬着陆"成功，只比预定时间晚了1分多钟。这是人类第一次把人造的物体送上月球。科学探测在月球着陆之前全部完成，探测器中的所有仪器设备，在"硬着陆"撞击月面的瞬间全部损坏停止工作。

第一次看到月球的"后背"

"月球二号"发射成功后不到一个月，前苏联又向月球发射了"月球三号"探测器。这个探测器第一次实现了绕月飞行，当它绕到月球的背面时，探测器上的两架自动摄影机马上工作，拍摄月球背面的照片，自动冲洗后把图像送回地球。至此，人类第一次看到月球"背后"的真面目。前苏联的科学家们对"月球三号"发回的照片进行了整理，制作出第一张月球背面的月面图。

第一次"软着陆"

科学家们对"硬着陆"并不满意。因为"硬着陆"时探测器以极高的速度撞击月球表面，所有的仪器设备，都会在撞击中损坏。所以"硬着陆"中的探测器只能利用着陆前的一点时间，在逼近月球表面的过程中对月球进行有限的探测，获得的信息有限。因此，在"硬着陆"取得成功的基础上，科学家们开始着手研究如何实现"软着陆"。但是，在月球上实现"软着陆"并不容易，因为月球上没有空气，不能采用降落伞减速，只能采取制动火箭，产生反向推动力，使探测器减速实现"软着陆"。1996年1月31日，前苏联发射的"月球九号"探测器，成功地实现了"软着陆"，平稳着陆在月球表面"风暴洋"的一角。着陆4分钟后开始用自动摄像仪拍摄月面照片，并把这些照片送回地球，这些照片非常清晰，甚至可以清楚地分辨2厘米的石子。

人造月球卫星

不管是"硬着陆"还是"软着陆"，它们都有一个共同的缺点，就是它们只能了解着陆点附近月球表面局部的情况，不能对月球的全部情况进行研究。怎么解决这个问题呢？科学家们想起了人造地球卫星。既然人造地球卫星可以很好地观测地球，那么如果给月球也造一颗"人造月球卫星"，让它长时间地围绕月球转，不就可以对月球整体情况进行探测了吗！1966年3月，前苏联向月球发射了"月球十号"探测器。这个探测器，成功地进入月球卫星轨道，变成了月球的人造卫星，对月球进行了全面的探测。

美国也不甘落后，从1966年8月至1967年8月，在1年时间内先后向月球发射了5颗月球卫星——"月球轨道环形器"，平均每3个月发射1颗。这5个环形器中的3个绕月球赤道运行，2个绕月球两极运行，覆盖了月球99%的面积，取得了大量的观测资料。

把月球上的东西带回"家"来

随着科学技术的进一步发展，科学家们已经不满足于只通过照片等图像资料研究月球，他们开始研究如何把月球上的东西取一些带回地球，以便更直接地进行研究。以往发射的探测器都是"肉包子打狗，有去无回"。要想把月球上的东西带回到地球，就必须研究能发射出去，又能返回来的月球探测器。1968年9月15日，前苏联发射了"探测器五号"，两天后它到达距离月球1 950千米的地方，并绕到月球的背面，然后返回地球，9月21日溅落在印度洋上，由前苏联科学考察船回收。之后前苏联又进行了三次类似的返回实验。1970年9月12日，前苏联又向月球发射了重达1.88吨的"月球十六号"探测器，这个探测器于9月21日在月球表面的"丰富海"成功软着陆，用自动钻头采集了100克月球表面的岩石样品，之后根据地面指令飞离月球，于9月24日返回地球，在前苏联境内成功着陆。这是人类第一次用无人探测器采集月球岩石样品并送回地面的创举。

月球车探险

1970年11月10日，前苏联又发射了"月球十七号"。11月17日"月球十七号"在月球表面软着陆。有意思的是，"月球十七号"把装在肚子里一辆无人驾驶的可以移动的"月球车"放到了月面上。这辆"月球车"被命名为"月球车一号"，它有8个轮子，轮子的直径51厘米，车体长2.218米，宽1.6米，重756千克。"月球车一号"上面带有许多精密的探测设备，可以自动采集月球表面的岩石、土壤样品，并对这些样品进行物理化学分析，可以自动探测月面的辐射情况，自动拍摄月面照片并发回地面。"月球车一号"设计寿命只有3个月，但实际上却一直工作到1971年10月4日，共工作了221天。在这段时间里，它运行了10.5千米，考察了8万多平方米的月球表面，对月球表面的500多个点进行了物理性质的分析，对25个点的月球土壤成分讲行了化学分析。

"月球车"在月面上行驶

登上月球

1969年7月16日，是值得全人类纪念的日子。这一天，美国东部时间9时30分，在美国肯尼迪航天发射中心的发射架上，"土星五号"运载火箭载着"阿波罗十一号"飞船，在雷鸣般的巨响中，喷着长长的火舌冲向天空，向着月球飞去。4天后，"阿罗波十一号"到达月球轨道，登月舱与指挥舱分离，指挥舱继续绕月球轨道飞行，登月舱则向月球降落。20日16时17分，登月舱在月球表面着陆。20日22时56分，登月舱舱门打开，登月指令长、宇航员阿姆斯特郎走出舱门，顺着扶梯缓缓地走下来，左脚先踏上了月球，在月球表面留下了人类的第一个脚印。阿姆斯特郎激动不已，他向人类的共同故乡地球

说："对一个人来说这是一小步，但对全人类来说这是一大步啊！"他的话音，只过了1.3秒，地球上的人们就通过广播听到了，全世界为之沸腾，人类几千年来的愿望终于实现了！18分钟后，另一位宇航员也踏上月球，月球的大门终于向人类打开了！通过打开的这扇大门，人类必将走向更深的宇宙空间！

人类第一次踏上月球

●（五）开发月球资源

随着科学技术的发展，人们越来越强烈地感觉到月球对人类的价值。它不仅有丰富的矿产资源，是一个名副其实的资源宝库，而且具有在地球上求之不得的科学研究和科学观测条件；同时，月球上独特的自然风光蕴藏着无尽的旅游资源。如果说30年前的"阿波罗"登月，主要是出于人类对神秘的月球的探索和征服欲望的话，30年后的今天人类重返月球主要就是要开发、利用月球，让月球为人类服务。月球即将成为人类的第二个家园，人们将像开发地球上的南极洲一样开发利用月球。因此，有的科学家干脆把月球形象地称为地球的"第八洲"。

到月球上去"采矿"

"阿波罗"飞船从月球带回来一些月球表面上的土壤和岩石样品。通过对这些样品进行化验、分析，科学家们发现，月球上含有大量的氧、硅、铁、钙、铝、镁等元素，可以这样说，地球上有的东西月球上几乎都有；地球上最常见的17种元素，在月球上也到处都是。科学家们认为，如果不考虑有机物，人类生活所需要的物品，90%以上都可以利用月球上的物质为"原材料"制造出来。

在地球上的资源一天天枯竭的情况下，开发利用月球上的资源，可能在不远的将来就会变成现实。说不定有一天我们会成为月球上采矿的矿山工人呢！

"又好又便宜"的钢铁

我们常说"钢铁是工业的粮食"，可见钢铁的重要性。可是地球上的铁资源越来越少，总有一天要用完的，那时该如何是好呢？不要着急，月球上有的是铁。

科学家们分析发现，仅月球表面5厘米厚的土壤内就含有400亿吨的铁，而月球上的土壤大约有10米厚，这样仅月球土壤中的铁就有大约8万亿吨，这些铁人类几千年都用不完。更吸引人的是，月球上的铁既便于开采，又容易冶炼。

而且通过冶炼钢铁还可以同时生产出人类在月球上所必需的氧气来，真是一举两得，事半功倍。

我们知道，在地球上冶炼钢铁需要烧掉大量的煤炭，这不仅消耗了大量的煤炭资源，而且燃烧煤炭释放出来的废气，还会严重污染空气。在月球上冶炼钢铁就简单多了。因为月球和地球不同，在它的外面没有大气层，太阳光可以毫无遮拦地直接射到月球表面，所以月球上的太阳光既强又稳定。同样大小的面积，在月球上得到的太阳能大约是地球上的1.5倍。这样，在月球上，用简单的技术，就可以利用廉价的太阳能冶炼钢铁，是不是很方便！

更难得的是，在月球上有高真空、低重力等地球上根本没有的特殊条件。利用这些条件，可以冶炼出在地球上根本不可能生产出来的高强度、高韧性等具有特殊性能的钢材或其他合金材料。利用这些新材料，可以制造出许多新奇的东西。到那时，我们的工作和生活肯定会变得更丰富、更有趣。

能源"巨无霸"——"氦-3"

我们知道，能源是人类赖以生存的重要物质，我们的生产和生活一刻也离不开能源。比如，我们吃饭，就需要用煤气、石油液化气、煤、干柴等燃料或者用电把生的食品煮熟；晚上看书学习、娱乐玩耍需要电灯，而电灯离不开电；我们外出旅游需要乘坐汽车、火车或者飞机等交通工具，而这些交通工具，无论多么先进，离开了汽油、柴油或电力等能源，就会寸步难行变成一堆废铁……仔细想想，远远不止这些。不能设想，离开了能源我们人类的生活会变成什么样子。

目前，我们使用的能源主要是石油、天然气、煤炭和核燃料，这是四种基础能源。有人可能会问，电力不也是一种能源吗？电力的确是一种能源，而且是一种主要的能源。但是，电力是一种次生的能源，它是人们利用其他能源"制造"出来的一种能源。我们生产和生活中用的电，除了少量的水利发电和核电之外，也大都是通过燃烧石油、天然气、煤炭和核燃料这四种基础能源生产出来的。但是，随着生活水平的提高，人们需要的能源越来越多，这四种能源已不能满足需要，总有一天要枯竭。我国能源短缺的情况更严重。这是怎么回事？我们不是常说我们的祖国"地大物博"吗？我国能源的总量的确不小，但是，不要忘记，我国是一个人口大国，用这么多人一平均，人均占有的能源数量就很少了，远远低于世界的平均水平。

宏伟的氦-3能源计划

那么，有一天地球上的能源用完了我们该怎么办呢？不要着急，月球能帮助我们解决这个问题。科学家们发现，月球上有一种叫作"氦-3"的东西，这种东西在地球上几乎找不到，但月球上却非常丰富。"氦-3"是一种非常好的核燃料，与地球上的核燃料相比，它更安全，发电效率也更高。1千克"氦-3"发出的电，就差不多够我们国家用一年。月球上的"氦-3"大约够我们人类用1000年。另外，在月球上开采"氦-3"也非常简单，通过加热就可以回收。美国、日本和一此欧洲国家都在考虑到月球上去开采"氦-3"。有的科学家估计，21世纪中叶就可能把月球上的"氦-3"运到地球上来。到那时我们再也不用为地球上的能源问题发愁了！

● （六）难得的科学实验基地

在地球上，受重力、大气层以及人类活动的影响，有些科学实验不能进行或进行起来很困难。但是，在月球上由于没有空气，重力又小，也没有人类活动的干扰，很多不能在地球上做或者做起来难度很大的事情，在月球上做起来很容易。所以，在科学家们的眼里，荒凉死寂的月球是一个理想的科学实验基地。

理想的航天发射场

在月球上建立航天发射场特别有利。制造火箭和航天器的材料，火箭飞行所需要的燃料基本上都可以从月球上取得，只有少量的专用部件需要从地球上运来。由于月球上的重力只有地球的

1/6，又没有大气层的阻挡，所以，从月球上发射航天器，把人员和设备送上太空要比在地球上发射省钱、省力得多，可以节省大量的燃料。

有的科学家算了一笔账，如果制造航天器的原料，发射用的燃料都用月球上的资源制造的话，从月球上的航天发射场发射航天器所需要的费用，大约只有从地球上发射所需费用的1/20。

全天候的天文台

我们有没有这样的经历？根据天文台发布的预报，某年某月某日有奇特的天文现象，比如日食、月食等，你踌躇满志地做了大量观测准备，可是当天文现象发生的时候却因为是阴天，使你失去了一次很好的观测机会。我们一般的天文爱好者，观测天象要受到天气的制约，世界各地的天文台也一样。但是，如果在月球上建一座天文台就不存在这个问题了。

得天独厚的实验场

在月球上，没有大气的遮挡，永远也不会"阴天"，又没有电磁波的干扰，是进行天文观测的理想场所，这里的天文台没有气候影响，是"全天候"的天文台。更有利的是，从月球的背面可以看到宇宙深处，在月球的南极可以看到银河系的中心。科学家们希望，在月球上建立的天文台，能够帮助人们揭开许多未解的宇宙之谜。

记录宇宙历史的"档案馆"

我们的地球是茫茫宇宙中的一员，宇宙发展的历史过程在地球上留下许多遗迹。但是，由于成千上万年的风吹雨淋、植物生长、动物活动、腐蚀风化，这样的遗迹大多已经被破坏掉了。因此，要在地球表面寻找宇宙历史上留下来的一些线索非常困难。

但是，在月球上，因为没有大气活动，既不下雨也不刮风，所以即使在过去很遥远的年代发生的宇宙事件所留下的痕迹，也会完好无损地保存到现在。通过这些痕迹可以了解许多宇宙历史上的事件。

比如，在太阳系形成的早期，很可能有一些地球上的物质被"抛"到月球上。另外，因为在地球还很"年轻"的时候，没有像今天这样稠密的大气，所以宇宙当中的一些陨星或者天体的碎片很可能以极快的速度撞击地球，并在坠落地面时发生猛烈的爆炸，爆炸抛起来的物质就会以极快的速度飞向空中，有的就可能落到月球上。这些从地球"飞"到月球上的物质，虽然经过几十亿年的漫长岁月，但至今可能仍然原封不动地放在原来的地方。很显然，这些物质当然是我们研究、了解地球早期演化史的珍贵资料。此外,其他许多宇宙事件在月球留有痕迹,月球本身的一些"历史问题",也都记录在月球的身体上。所以,我们说月球是宇宙历史的"档案馆"一点儿也不过分。

硕大无朋的物理化学实验室

随着现代科学的不断发展,许多高科技的实验需要非常苛刻的条件。比如,高度真空,非常低的重力。这些条件在地球上根本没有办法实现。可是,月球上不仅具有高真空、低重力的条件,而且毫无遮拦地接受太阳的强烈辐射,又没有磁场和振动等影响。这样的实验条件不仅地球上没有,即使在航天站里也难以达到。因此,月球本身就是一个巨大的天然物理化学实验室。许多需要在航天站或航天飞机上才能做的实验,都可以拿到月球上去做。有些在航天站无法进行的大规模实验也可以拿到月球上去做,并且花的费用很少。

高度"密封"的生物实验室

生物实验最基本的要求就是密封和纯净。这里说的"密封"就是要和外界隔绝;所谓"纯净"就是要没有其他生物混入。比如,做一些有害细菌或微生物实验时,如果密封不好,细菌"跑出来"很可能给周围的人群和生物带来毁灭性的灾难,这可不是闹着玩的;如果达不到一定的纯净度,一些外来的细小生物,比如细菌、病毒等就会混入要进行实验的生物中,影响实验的进行。但是,要想在地球上达到高度的密封和纯净又谈何交易,即使在科学如此发达的今天也是难以做到的。

但是，在月球上做到这一点却是轻而易举，可以说月球天生的就是高度"纯净"和"密封"的。除非从地球上带去，到目前为止还没有发现月球上有生物。所以，在月球上做生物实验根本不用担心其他生物"混入"的问题。月球上没有水和空气，在这里，再"恶毒"的细菌或其他微生物，离开了人类建立的实验环境也不能成活，所以根本不用担心有害微生物扩散的问题，非常安全。

● （七）旅游胜地

看到这个题目，你也许会问，我们将来真的可以到月球上去旅游吗？我们的回答是，完全有可能！

奥地利记者"急不可耐"

1964年，美国的"徘徊者七号"无人飞船登月成功后，奥地利的一名新闻记者皮斯特走进维也纳的一家旅行社，要求在飞往月球的第一架飞机上为他订一个座位。旅行社的工作人员以为听错了，要求他再重复说一遍。皮斯特又认真地重复了一遍。旅行社的工作人员这才相信，这位顾客既不是神经病也不是在开玩笑，而是非常认真的。这件事如果发生在人类首次登月之前，有谁敢相信一个头脑正常的人会提出这样的旅行要求呢！

旅行社的工作人员收了皮斯特500个先令的手续费，并把他的要求转给了泛美航空公司和前苏联民航局。泛美航空公司居然

我预订飞往月球的飞机票！！

热切盼望的月球旅行

同意给这位性急的记者订票，并告诉他，预计飞往月球的第一架班机在2000年起飞。前苏联民航局的答复相当幽默：第一个航班座位已满，第二个航班给他留个座位。

现在已经进入了21世纪，泛美航空公司飞往月球的"班机"还没有起飞，前苏联民航局的"第二个航班"也还没有成行。看来皮斯特性急不得，还要继续等。皮斯特的愿望什么时候能够实现？大概为期不远了。

泛美航空公司门庭若市

1969年7月20日美国"阿波罗"载人飞船登月成功后，效仿皮斯特到泛美航空公司订票的人络绎不绝，泛美航空公司门庭若市。截止到1989年，打算乘坐泛美航空公司第一个航班飞往月球的人数已多达93 000多人。这些性急的订票人，既有美国各地的"游客"，又有其他90多个国家的"旅行家"。尽管这第一个航班迟迟不能成行，但泛美航空公司坚持说，所有预定的机票都有效，并且不得转让。

月球上的"坑道住所"

既然有人想到月球上旅行，就有人考虑这些"旅客们"的"住所"，即建立人类在月球上的基地。对月球基地的设想更是五花八门。

有人主张在月球上用机器人挖坑道。把空气、水、食物储存在坑道里，给坑道安上进出口，配上电力、通信、空调等设施，这些坑道就变成了很好的住所，人类的月球基地也就建成了。

"月面城市2050"

日本的一家建筑公司的专家，设计出一个建造"月球城"的蓝图。这个月球城被命名为"月球城市2050"。"月球城"内的建筑和地球上的建筑差不多。城内有生活区、农业区、工业区，有住宅、娱乐中心、体育馆、办公楼、实验室、发电站、航天港以及各种各样的自动化工厂。还有人造的"山脉"、"河流"、"湖泊"、"草原"，形成了一个封闭的生态系统。在这个生态系统内人们基本上可以做到自给自足。"月球城"里阳光灿烂，和风扑面，四季如春，不仅没有灾害性天气，连昼夜都可以调节。"月球城"里的农业生产年年丰收，工厂里可以生产出许多性能独特的产品。在"月球城"的中心矗立着一根作为"月球

月球城

城"象征的月球塔，在月球塔上，螺旋排列着许多客房，从地球来的游客，可以在这里住宿，同时在这里还可以远眺我们人类的故乡地球和无垠的星空。月球塔的四周是楼群和别墅式的住宅。这座"月球城"大约可以供10万人居住。

开往月球的"列车"

日本的另一家公司设计出了往返于地球与月球之间的"航天列车"。为了节省能源，这种列车起飞时，先沿着一个长3 650米、高2 100米的磁悬浮发射架用超导直流电机推进加速前进，当达到2 000多米高的塔顶时，列车的速度已经达到每小时630千米，这时"列车"的主发动机点火，将"列车"发射升空。

月球"游趣"

来到月球你会发现这里非常好玩。首先给你的感觉是，在这里外出不用坐车，因为这里体重只有地球上的1/6，走起

路来健步如飞，比在地球上坐汽车方便多了。更有趣的是，在这里你可以租一副"人造翅膀"穿在身上，然后鼓动翅膀你就可以在封闭的充满空气的"月球城"中飞起来了。

月球生活其乐无穷

月球上还有许多好看的地方呢！这里有640千米长的亚平宁山脉，有大大小小3 000多个山峰，有遍布月球的环形山，还有著名的阿尔卑斯山谷。这里还有文物呢！第一批月球开拓者留下的"印记"就是最好的"文物"，特别是"阿波罗十一号"飞船登月时宇航员留在月球上的脚印，更是重点文物。

月球的天空更是独具魅力。漆黑的天幕下有比地球上亮得多的无数星星，巨大的发着蓝白色光芒的是我们的故乡地球。看着这样美丽的星空，一定会激发出你探索宇宙无尽奥秘的热情！